我听说,橘子不是唯一的水果;

我知道,美亦缤纷。

所有的生活现状都可以发生改变,

所有的困难都可以过去,
关键是你选择了什么又做了什么。

不论生存还是**生活**，
遭遇孤独无助都不可怕，
可怕的是我们始终不能学会独立思考。

我们一直都在努力温柔善待这个世界,才会相信自己一直都会被这个世界温柔相待。

不是所有人都会选择将就，

总有不将就的坦诚

能让我们得到自由。

o · ·

哪怕只是爱一个人，完成一份学业，

成就一个心愿，

离开让你痛苦的人，忘记不堪回首的事。

○ • •

○
●
●

独立,不是与生活对抗,而是成为更好的自己。

你有多独立，
就有多美好

作者／王珣

四川文艺出版社

图书在版编目（CIP）数据

你有多独立，就有多美好 / 王珣著. -- 成都：四川文艺出版社, 2020.5（2021.1 重印）

ISBN 978-7-5411-5636-6

Ⅰ.①你… Ⅱ.①王… Ⅲ.①女性—成功心理—通俗读物 Ⅳ.①B848.4-49

中国版本图书馆CIP数据核字(2020)第016184号

NIYOUDUODULI JIUYOUDUOMEIHAO
你有多独立，就有多美好
王珣 著

出 品 人	张庆宁
出版统筹	赵丽娟　杨 琴
选题策划	木本水源　众和晨晖
责任编辑	彭 炜
责任校对	汪 平
特约编辑	陈乐意
封面设计	茶 茶
版式设计	唐 昊

出版发行	四川文艺出版社（成都市槐树街2号）
网　　址	www.scwys.com
电　　话	028-86259287（发行部）　028-86259303（编辑部）
传　　真	028-86259306

邮购地址	成都市槐树街2号四川文艺出版社邮购部　610031
印　　刷	大厂回族自治县德诚印务有限公司
成品尺寸	145mm×210mm　　开　本　32开
印　　张	8　　　　　　　　　字　数　160千
版　　次	2020年5月第一版　　印　次　2021年1月第三次印刷
书　　号	ISBN 978-7-5411-5636-6
定　　价	45.00元

版权所有·侵权必究。如有质量问题，请与出版社联系更换。028-86259301

序言
坚信你的珍贵

年轻的时候，我觉得爱情是碰撞出来的，遇到不喜欢的人不懂得拒绝，遇到喜欢的人又千般思量，在相处和纠结中浪费了太多时间，平白无故地多出一些现在看起来不值一提、在当时却痛彻心扉的苦楚。

不再年轻的时候，我才发现爱情是等来的。

不过，好的爱情，要坚持做自己。

你若不能坚持独立的初衷，不能在奔赴好生活的路上全力以赴，你就不会明白，风花雪月是两个强者之间的游戏，因为情感也需要不停地投入，需要势均力敌。

我们不要因为没钱、工作不如意、失恋、离婚就失去自己的价值。但有的人，在经历这些以后处处纠缠在生活的麻烦和情感的痛苦中，本来有很多办法能让自己打开新生活的大门，最后却只停留在嘴上而不采取任何行动，结果当然是日日"贬值"，彻底失去了竞争力。

我们都知道要好好爱自己，但很多人就是做不到，其中原因或许和性格、生活方式有关，但最重要的是总对别人抱有希望，对自己却彻底放弃。

你有多独立，
就有多美好

不要把爱男人当成自己的事业，不同阶段的女人应该有不同的生活重心，男人只是其中一部分。

我们打扮不是为了让男人赏心悦目，而是要使自己从中获得身心的双重愉悦。这是爱的力量，也是生活的希望与勇气。

独自生存的日子里，要做好手边的每一件事，认真过好当下的每一天。

我从没有跟别人提过梦想，更不诉辛苦，但我没有一天不努力去离梦想近一点，再近一点。我知道能过好当下的人，根本不需要担心将来，也就逃出了眼前的攀比与焦虑，为自己的生活开启了一种新方式。

一个人上下班，一个人喝咖啡，一个人看电影，一个人吃饭，一个人租住在市中心的房子，看起来是孤单的样子，却挡不住独处时那种淡然又随性的美好。

我当然需要爱情，也渴望有个男人牵着我的手走遍这个城市最美丽的地方，吃遍这个城市最好吃的东西。可日子一天天过去，他还是没有来，我也一度以为自己永远等不到他。所以我不得不坚强，处处小心，谨言慎行，保护好自己不受外界影响和伤害，一边拼在生存中，一边活在生活里。

但我坚持要守护好自己那颗纯真且柔软的心，以便在爱情来时我还能温柔相待，在他走近时我还能敞开心扉不带一丝阴霾。我渴望爱情，不是因为自己过得不好，而是想要与另一个人分享我所发现的这个世界上的所有新奇与美好。

我从最初在风雨中无助奔跑，变成了如今可以在风雨中坦然舞蹈，我终于学会如何安然度过生命中一些艰难时刻。很多人失去另一半就找不到自己，而我能安然行过一个人的时光旅程。

序言
坚信你的珍贵

没有哪个女人能够完全抵挡住岁月的侵蚀，青春会流逝，但我们可以始终拥有健康、少女感和少女心。真正可怕的是你不懂得经营自己，将全部的年华寄予男人，或是强加给孩子，早早放弃了自己。

你要为了幸福时刻准备着，所以每一天都不要凑合、不要粗糙、不要卑微。因为总有一个人会走近你，对你说出世上最美的情话："你保护好自己，其他的我来。"

经营情感就是在经营人生，必要的时刻，女人对自己狠一点儿、对别人果断一点儿都不是什么坏事，过清洁自律的生活，不为求不得的东西歇斯底里，不为不相干的人事纠结，更不为某个男人伤心徘徊太久。

谁的生活都不可能一帆风顺，其中的那些坎坷，走不过去的是梦魇深渊，走得过去的才能叫沧海桑田。

愿你在被打击时，记起你的珍贵，抵抗恶意；愿你在迷茫时，坚信你的珍贵，抵抗将就；愿你的心境永远不会近黄昏，一直活得像初春的早晨。

爱你所爱，行你所行，听从你心，无问西东。

目录

辑一 做一个有风骨的女子

愿你我都有生活的底气　002

富爱自己，你才配得上更好的生活　008

给自己富有的爱　013

用努力去抵抗庸俗　018

永远不要把爱情当成唯一　029

逃离恋爱虚荣魔咒　035

我们都要学会富爱自己　039

开挂的人生毫无捷径　044

先脱贫再脱单，先谋生再谋爱　050

你要的一切你都可以靠自己得到　055

你看不惯我又干不掉我的样子，真好看　060

那些每天都早起的人有多幸福　066

辑二 做一个有境界的女子

反正世上人山人海,我可以边走边爱	071
你自己不够好,喜欢什么男人都是白搭	076
女人最大的心愿就是要人爱她	082
热爱生活的人有时候也需要负重前行	089
永无落魄:张爱玲到死都是百万富翁	095
你得到的都是你自己的吗?	101
你算不上全职太太,只是个居家保姆	105
自己会发光的人是什么样子的	112
唯有强大才能治愈你的不安	118

辑三 做一个刚刚好的女子

素颜，只是听上去好美 124

在看颜值的世界里，如果你做了不爱美的人 129

你的吃相，就是你的性格和做人姿态 135

你好看的样子很下饭 141

你和生活都可以变得很美 146

愿你一生努力，一生被爱 151

内心强大和活得强悍是两回事 156

美好一直与坚持同路 162

愿你走出半生，归来仍是少年 166

你从来都没有不爱过一个男人吧 172

健身这件事温柔又强大 177

赚钱到老的女人 182

辑四
做一个会表达的女子

不自救的人生永远是痛苦的 189

就是要和比你优秀也好看的人交朋友 195

在职场中远离性骚扰 200

为什么听过这么多大道理却依然过不好一生 204

职场不相信眼泪,但你要相信自己 210

当你开始改变的时候,体面的生活就已经来了 216

请对身边的人好一点 222

姐弟恋美得让你不敢老 227

你这么好看就别受欺负了 232

辑一
做一个有风骨的女子

不在困境时随意将就,不在孤单时恣意放纵,经济独立,内心丰盈。

愿你我都有生活的底气

大小姐最近被一个男同事的求爱弄得不胜其烦,这个男同事刚进公司不久,出身、长相、身材都很一般,学历不算高,收入不算多。他不是大小姐喜欢的类型。

她已经婉拒了多次,他却迎难而上、锲而不舍,甚至用每天一朵鲜花、一杯星巴克来制造他所能想到的浪漫。

其实大小姐一点儿都不爱喝星巴克的咖啡,办公室的花也不需要天天换。她也从来不觉得同事投来的目光里是羡慕,她只是觉得恋爱是纯个人的事情,晒幸福和揭伤疤都是明星们为了提高曝光率而做出的无奈之举,普通人的生活从来都不需要掌声。

辑一
做一个有风骨的女子

终于有一天那个男人坚持不住了,把大小姐堵在公寓楼下大声咆哮:"你不就是嫌我穷吗?你们女人就是这样,我要是有钱你早就扑上来了!现在的女人都这么拜金,只看外表和现在,不看内在和将来!"

大小姐那天刚刚完成公司的标书,晚上又在健身房跳舞,浑身是汗想回家泡个澡,明天还要开会。她不是不想恋爱,也想有个男人陪,可她清楚地知道自己想要什么样的爱情,她一味躲避也是不想伤害这个男人。

但在这个时候大小姐忍无可忍地问道:"你既不帅也没钱,那你现在有什么内在?你哪个大学毕业的,是世界排名前五十还是全国前十?献过血吗?是中华骨髓库成员吗?见义勇为抓过小偷、保护过女孩吗?做过义工、做过慈善吗?你诚实守信从没违背过道德底线吗?"

看着眼前变得呆若木鸡的男人,她接着又说:"好吧,如果这些要求太高我就换一下,你每天运动、洗澡、换内衣吗?你从来不闯红灯吗?你不讲粗话也没有乱扔过垃圾吗?你从不插队不占便宜又尊老爱幼吗?琴棋书画、诗词歌赋你会哪一样?你跟我说说你有什么具体的内在?凭什么说我看不上你就是因为嫌你穷?又凭什么认定女人都拜金而不是你们男人不求上进？！"

男人立刻熄了气焰，从此再也没给大小姐打过电话，拉黑了她的微信和QQ，更没有了鲜花和咖啡。但不久就从他嘴里传出了大小姐嫌贫爱富，被有钱人甩了N次，还来勾搭自己如何被拒绝的八卦等。

如今社会，内在最是难修，所以所谓外在才会让好多人追求，即便是眼前的苟且，也会成为某些人的"诗和远方"。而心胸和器量是很多人一辈子都无法逾越的桎梏，不论贫穷还是富有，少了心胸和器量，区别就都不大。

大小姐无意去教育别人，她只是真的觉得，男人别把自己总是找不到女友的问题都推给穷，抑或是女人找不到男友就说男人都不是好东西。

事情真相往往是：找不到对的人，可能是你改不掉错的自己。

二小姐去相亲，对方是个40岁的男人。据说是有车的，但约会那天骑了一辆共享单车过来，说二小姐选的地方不好停车。

咖啡馆里也有很不错的西式简餐，二小姐觉得第一次见面，如果对方抢着去埋单，吃份意面和喝杯咖啡也花不了多少钱。可男人自从进来就开始各种看不上，说装修太次、椅子坐着不舒服，打开菜单什么菜都觉得不划算。沙拉端了上来他先用筷子扒拉了几下，说："去菜场用同样的钱买菜可以拌一大盆。"

二小姐连咖啡都没点，就借口去洗手间先埋单，然后回到座位上慢慢地吃自己的那份意面。对方又擦擦嘴说："这里的饭根本吃不饱，待会儿我还得再去吃碗炸酱面配黄瓜蘸酱，那才是老北京美味。"

两个人起身出门的时候，男人根本就没有提埋单的事。等出了咖啡馆大门，他才一脸狡黠、得意地问二小姐："你说这家服务员也太没责任心了吧，我们没埋单居然也没人问。"

遇到这样的奇葩，二小姐很是无语，于是告辞回家，男人也跟了上来一起过马路。正好赶上绿灯变红灯，二小姐停在路口，男人却推着车闯红灯，结果撞在一辆刚刚起步的汽车车头处。

男人只是连人带车摔倒在地，并无大碍，那辆汽车右前方却被划出了几道划痕。二小姐走过去想帮男人扶起车，男人却阻止了她，等着路口的一位交警过来处理。

汽车上下来一位年轻姑娘,看了看男人没事,她道了歉又对交警说:"警官,我只想报保险,算我全责吧,麻烦您。"但此时,男人却不依不饶了,说自己被撞了。问他哪里不舒服,他说浑身都不舒服。

交警和车主都很无奈地笑了笑,交警问男人:"你知道这是辆宾利吗?你知道修这几道划痕要几万块吗?"男人愣了愣,对交警嚷嚷:"你这是嫌贫爱富,专为有钱人服务啊!"交警回答:"我不会带偏见工作,但我讨厌得寸进尺的人。"

二小姐在那一刻终于体会到了什么是真正的"贫",她想走,男人又喊她:"别走啊,你得帮我做证!"男人油腻猥琐的样子真是让人作呕。"是你闯红灯撞了人家的车,我已经跟警察说了。"二小姐说完,头也不回地走了。

事后,男人跟介绍人抱怨二小姐是势利眼,自己不是养不起女人,而是不能惯着女人。二小姐一笑了之,对于此无须解释。

人无品立不稳,而性格里的某些东西又决定着优胜劣汰,没有男人胸怀更谈不上器量,只有毒舌和猥琐,这种男人都不如女人,因为他们算计的人里不分性别,只有金钱和好处,极度自卑让他变得极度自大，为达目的更加不择手段。

唯有此类男人难养，因为他把自己的利益永远放在第一位，心里没有情，情早在欲望里变成了米饭粒，也没有爱，爱早在私利里变成了蚊子血。他们集男人性格里的缺点为一身：贪婪、懦弱、卑劣和贱骨头。

富爱自己，你才配得上更好的生活

电影《青蛇》中，青蛇曾问白蛇："那个呆子许仙有什么好的呢？"白蛇幽幽叹道："他是没什么好的，但我也不知道会不会遇见更好的。"

这其实是很多女人的状态。

匆忙长大却不是成长，因为增长的只是年龄；草率结婚却没有爱情，因为不是正确的人；抓紧结婚却不是家庭，因为无心经营；生儿育女不是情感的结晶，只是生物学意义上的繁衍后代。

前几天一个关于"女大学生踢孩子"的视频在网络上疯传，起因是这样的：一个熊孩子在餐厅里吵闹疯跑，在旁边吃饭的女孩走过去踢了下孩子坐的椅子以示警告。接下来让人不解的是那位孩子妈妈，她先是扑上去打女孩，被几个服务员拉开后，猛抽服务员耳光，又拿着餐桌上各种东西砸来砸去。这时候，她倒是完全不顾及自己的行为，会不会吓到在场的孩子了。

女孩被同行的男伴拉走，这位母亲还在后边追着不依不饶，男服务员继续劝解，孩子妈又给了男服务员一记耳光。这次，男服务员还手了，一拳打过去，那位母亲立即消停了，站在原地不再动了。

孩子亲眼看见自己妈妈的所作所为，他会受到多大的影响？孩子的错很大程度上都是受到大人影响。

很多女人都明白"富养自己"是怎么回事，那再富爱自己一点儿呢？活得体面一点儿就有了身价，活得坚强一点儿就有了勇气，活得克制一点儿就有了教养。多爱自己一点儿，就可以活得从容、活得漂亮。

小Q上个月和认识一年的男友登记了，可据别的朋友说，她并不高兴，前几天一起吃饭终于领教了现代人"恐婚"的原因。

她整个饭局都紧绷着一张脸,抱怨着那个已经是自己"丈夫"的男人,嫌人家就一套房子,外地的父母还要来同住,薪水低,能力弱,婚礼准备得也低端等等。

我问她:"这些情况你和他领证前就知道的,现在怎么搞得像被骗婚了一样?"她回答:"反正就是不甘心这么嫁了。"她老公过来接她,她也毫不给面子地当着大家的面对他呼来喝去,让我反感不已。

"她32岁了,原本是出身大城市、心高气傲的女孩,现在嫁了个35岁的外地普通工薪层,当然得用这种方式在朋友面前表现出'下嫁'的姿态。男孩条件是不太好,可这年头还有被包办婚姻的?"另一位朋友好像一语道破了天机。

不将就,这句话在很多女人那里只是一句励志语,因为谁也扛不住来自家庭的催婚的压力,与单身生活中时隐时现的孤单。想起小Q之前说过:"真没有什么好男人了,好点的都是已婚。"

说小Q不知道什么才是自己想要的或许有些矫情,但她不知道什么才是对自己最好的倒是真的。因为她不知道,想要遇到更好一点儿的男人得自己多努力,更不知道,想要更好一点儿的生活需要自己拼搏。这过程中,孤独是必然的。

很多女人活着活着就忘记了女人最美的样子,因为要忙着赶紧嫁出去。生活中退化得最快的一群女性,就是过早结婚生子的,她们往往更没有斗志,工作上更喜欢混、更没有责任感。她们将丈夫、孩子视为生活的支柱,于是就有了"为孩子"将就婚姻和纵容渣男的借口。

有些男人心里困惑:"怀孕生孩子的女人就要傻三年吗?"其实这样的时间,或许更长。

有读者给我留言:"我和丈夫生活二十多年,直到现在才发现他一边伪装好男人,一边在外面搞暧昧。知道的一瞬间,我心碎在了这场二十多年的欺骗里。"

二十多年都不知道自己丈夫渣,只有一种可能,不是渣男伪装得多好,而是自己骗自己骗得好。你不知道什么是好的,或什么才是对自己好的时候,无非因为你离不开你抱怨着的生活。

任何一个会爱自己的女人,都不可能分辨不出男人的爱是真是假,都不会不知道什么才是对自己好的生活方式。

女人不仅要富养自己，更要富爱自己。就像一朵花，富养是浇水施肥，而富爱是告诉它，你很美，配得上最精美的花盆，配得上插在女神的鬓角，配得上世人的赞美。

整理眼前混乱的情感，改变不恰当的生活方式，跨越阻碍你的绊脚石，要为现实努力，要相信心灵的力量。

富爱自己的女人，配得上最好的一切。时光也会宠爱你，每天早上站在镜子前，你会发现自己比五年前，甚至十年前，更美。

给自己富有的爱

乔伊又在为过年回谁家犯愁,结婚四年,老公都要求她跟自己回西北农村老家过年。每个春节假期提前一个月抢票的时候,两个人都会爆发关于去谁家过年的争吵,每每都是乔伊妥协。而老公承诺初三之后去丈母娘家的事也从来没有兑现过,一是说车票不好买,二是抱怨花钱太多、压力太大。

但今年,乔伊和老公没抢到回西北老家的火车票,于是她萌生了让自己父母来北京过年的想法。结果老公反应激烈,抱怨乔伊不孝顺、自私,还说乔伊父母来北京过年开销会更大,他为了买房子定居压力已经够大的了。

乔伊说:"我爸妈来也是花自己的钱买车票,他却还算计着我爸妈来北京过年我们家每顿饭多出的菜钱,还得出去吃更是浪费什么的。结婚后一到过年,他就会集中爆发一次,好像压抑了一年的坏情绪都宣泄在这时候。说来说去都是赚钱难,自己多么不容易。而我也有工作啊。如此算计来算计去、吵来吵去,爱情早就没有了,所以我也不敢要孩子。"

去乔伊婆家除了坐火车,还可以乘飞机,机票不需要抢,只是过年前后是全价票罢了。每年乔伊都为两张硬座火车票操碎了心,而她老公却只是负责提醒抢票的时间,还有买不到票后的火冒三丈。有一次乔伊说可以乘飞机回去,再转搭长途汽车回家过年会容易很多,老公却差点摔了饭碗。

其实让公婆来北京过年也同样实现不了,因为那个男人要的只是一种衣锦还乡的形式,而不是什么陪伴的孝顺。

乔伊说:"他很享受衣着光鲜地走在乡间土路上,被一堆老老少少簇拥的感觉。那时候发起红包来倒是不心疼钱的,他是整个村里最有出息的男孩,他童年的玩伴大多都是外出打工回乡,每个人看上去都满脸风尘,可他的沧桑却是刻在心里的。"

辑一
做一个有风骨的女子

乔伊昨天还是回自己家过年了,只是,这一次是她一个人回的父母家。订好机票的那个晚上她给父母打电话,说自己年后即便回北京也要重新安排生活。父母并没有多问,只是在电话里说:"你做什么样的决定我们都支持你,你什么时候回家我们都欢迎,你什么时候需要我们赶到你身边我们都会去。"

这也是一个因为年龄问题将就结婚的女子,如果说当初还有爱情在,那现在就只剩下过日子的一地鸡毛了,何况还是在并不富裕的日子里,整天忍受一个男人的抱怨和坏脾气。

乔伊说:"四年后的我已经比结婚之前有了更高的职位和收入,他却还在原地踏步。年纪长了勇气却没了,天天纠结柴米油盐的琐事。即便我也是个节俭的女人,但也不想把生活的乐趣和情感的温度都省略了。再说,这也变不成钱啊。"

那些要努力改变生活现状的人,不可能省略生活的情趣和情感的温度,也只有如此才能培养出自律和坚持,有能力做好手边的事和赚到更多的钱。这也是一种日益罕见的纯真与教养,对彼此说"我爱你"的时候才会动人,才配得上我们想过的生活。

面包不够吃的时候,爱情可能只是搭伙完成繁衍。面包仅仅够吃的时候，有爱的时光也变得很短暂。很多婚姻只不过是为了自己和孩子继续维持的假象。情种只生在大富之家，需要很多的面包才能为爱而生。

爱与不爱，很多人都是在金钱上决定的，有些时候是爱无力，整日里为生存奔波顾不上家人的情感需要。有些时候是爱无能，从小就没被爱照顾过，长大后就只爱自己。

不论是爱无力还是爱无能的人，在这个社会中生活状态都不会太好，因为自卑与自私里会生出抱怨与戾气，并被自己设置成了一辈子的阴影，挡住过上有品质的好日子必需的阳光。

兜里没钱的人当然也会有爱情，但这是很少的一部分男女，可以苦中作乐，可以屡败屡战，可以拼全力尽全责，可以得到生活的奖赏。

女人要去努力读书、工作赚钱和经营情感，而且知道得越早越好，因为不独立就会吃更多的苦。而"吃得苦中苦，方为人上人"在现代社会根本行不通，大部分吃得苦中苦的，一生都将是人下人。

勇敢去爱,但不要相信自己为爱而生。适可而止,对任何事沉迷都将孤单痛苦。保护自己,不要让自己吃太多的苦。你不想让自己的爱情被金钱左右和决定,那你唯有努力让自己先变得富有。

用努力去抵抗庸俗

三十多岁的米露最近遇到了一位追求者，四十岁的离婚单身男人。米露是个一直被朋友预言难养的小女人，翻一下她的朋友圈就知道了，人家关注个人生活胜过其他一切，日子过得像是诗和远方都在她的家门口。

米露从没有打算让男人养自己，只是她不像唐晶，遇到优质男人贺涵求婚还不肯嫁拿着事业说事。米露说，那都是不爱的借口，现实生活中也没有这种事情。独立的女人，等爱的姿态或许不同，但遇到了还是会投入真心，米露说："我又不怕离婚，又为什么要怕结婚？"

我也喜欢看看米露的朋友圈，有城市的风景，吃饭的食物，各地的流连，风土人情里的思考，还有美包、美鞋和流行服饰。没有工作，没有忙碌，没有鸡汤，更没有抱怨，甚至没有爱情。这并不耽误她生活，一个人食，一个人睡，一个人喝咖啡，一个人出行。

真正了解米露的朋友都知道，她在世界五百强公司工作，年纪不大已经是总监了，不忙是不可能的。千万不要小看一个又忙又美的女人，因为这样的女人不是一般的有出息。

如今我们的生活似乎都形成了一种套路，优秀的女人都是那种没有爱情没有婚姻没有孩子的女强人，而且注定不会快乐。而那种靠男人靠婚姻的女人，就算关起门来吵闹到血泪一地，开门出去还是比没有男人的女人幸福。

嫁不出去都是不好的，没有任何男人要，嫁出去的就算不好，也至少是有男人要的，于是单身的都是错，结婚的都是对。其实谁对谁错谁知道，中国式婚姻的套路，说白了大部分都可以归入两类：一个饭碗和一种装。

米露相信爱情，来的男人却总是差了一点儿结婚的节奏。这位先生形象看上去很不错，工作和收入足够支撑他在北京养房养车了,养个女人也绰绰有余。只是他和米露交往了一段时间之后,米露发现,他虽不缺钱但也没有养女人的心。不光如此,某先生的追求也充满了套路。

他之前一定认真研究过米露的朋友圈,也显然很不认同她的生活方式,但并不明说。而是每次约会都定在一些小店和小吃上,说是充满这个城市的烟火味道,甚至米露下班后都得换一身便装才能赴约,不然某先生会说:"你穿得太隆重了,不是不漂亮,是不合适。"

城市里的烟火,是窗口里温暖的灯光,是厨房里煲汤的身影。小饭馆不是不能去,街头烧烤摊即便不健康,我们也可以偶尔放纵自己图一乐。只是某先生的套路就是先拉低米露的消费习惯,他过日子的样子和钱的多少没关系,抠门和自卑才是真。

我说:"只怕小饭馆他也不会约你去几次,很快就会是去你家吃饭了。"米露烧得一手好菜,只是还没到值得为他生火做饭,尝尝真正的烟火味道。

某先生果然在去了三次小饭馆之后,就要去米露家了,目的当然不是菜,而是饭后可以顺理成章试探下能不能留宿,连开房的钱都省了。至于他自己的那套大房子,他说:"我姐姐一家人来北京旅游,下次我再请你去我家。"

米露说:"都是成年人,这事能够水到渠成我也不会拒绝,可为什么理由听起来就是很别扭呢?"她拒绝了某先生的这个要求,说自己根本不会做饭,结果他说他可以买了菜过来做,米露也应该学习一下如何做主妇。

比起那些看上去就会生火做饭的女子,米露当然更美更带得出去,如果能把这样一个女人培养成自己想要的样子,对于等到40岁还单身的某先生来说太重要了。于是套路之下他太过着急,让米露连相处下去的耐心都没有了。

面对米露的退堂鼓,某先生赶紧使出了杀手锏,说是自己父母特意来见米露,而且是突然袭击。周六下午米露从健身房出来的时候,某先生就等在门口要带她去见父母,而且还强调让她上楼换一身保守的衣服,说自己父母喜欢淑女点儿的姑娘。

米露擦了擦汗,笑着说:"关我什么事?"然后转身走向对面的公寓,留下原地发呆的某先生。

又过了两天,某先生把米露堵在了公司楼下,说要和她好好谈谈。咖啡馆里,他长篇大论数落着米露如何看重物质、如何爱慕虚荣、如何为女不淑等等。米露认真喝完面前的那杯咖啡,然后回道:"关你什么事?"

又过了一个星期,米露的手机上出现了一条骂人的短信,是某先生发来的。原来他在没有套路的时候,只剩下了恼羞成怒。

某先生活脱脱就是《我的前半生》中的老金啊,自己无心无力追求更好一点儿的生活,还要让身边的女人一起过看似平淡实则无趣的日子,甚至连爱情都成了他给女人的一种施舍,好像之前人家都过得生不如死,只等着自己去拯救了。

这个世间的癞蛤蟆都喜欢吃天鹅肉,关键是如何各显其能先把天鹅拉下水,让自己能够得着去啃。第一口就是先咬掉翅膀,然后就是泼上污水让她变得和自己一个样。

幸好某先生够不到米露的生活圈,不然周边的人都得受骚扰。生活中这样的人很多,永远用自己的三观衡量别人,只要不同就是别人不好得插一杠子纠正。

自己过不好就喜欢看到别人比自己过得更惨，自己不幸福就把别人想象得更加不堪，这就是很多人的套路和三观。

我们想要获得幸福这件事，和结不结婚、结了几次婚、离了几次婚没什么关系。一辈子都不结婚未必不幸福，有些快乐外人真的不懂。结了一次婚却苦了一辈子的大有人在，而离了N次婚最后还是找到最佳拍档，也是一种幸福。

你用你的三观为人处世找另一半，关我什么事？我用自己挣的钱买花戴、等爱情，关你什么事？任这个世间充满套路，我们都可以用"关我什么事"和"关你什么事"解决这些事。

能把你按在沙发上的都是套路，不是爱情，更不是真实的生活。我们都要小心翼翼地努力，才有力量去抵抗庸碌，这个世界还有些高跟鞋走不到的路，需要你买双跑鞋，还有些写字楼里遇不见的人，需要你过得更酷。

艾米丽一直认为自己是生活里的"安迪"和"唐晶"，她在某个上市公司工作，有不错的职位和薪水，但三十大几了还是未婚，已经N年无男友。艾米丽说："我是忙得没空约会谈恋爱好吗？"

艾米丽身边没有可以替她打点生活与工作的男人，甚至也没有追求者。她的脾气暴躁，是个分分钟就能咆哮起来的女人。艾米丽的人际关系紧张，幸好业绩不错，对待工作有"拼命三郎"之称，因此上司就算对她有些不满也得勉强一下自己不和她计较，但同事之间就未必和谐了。用人家的话说："都是第一次做人，凭什么让着你？"

我问："是不是该找个男朋友谈谈恋爱？长期不和男人接触，你身上都开始自我分泌荷尔蒙了，脾气暴躁也伤身伤情。"独立是女人的才华没错，但颜值、身材和性情也是。

但艾米丽说："总是在人生的某些阶段和男人纠缠的女人，都是因为不独立产生的意淫，当今男人根本不值得女人做任何期待。"这话乍一听去，没毛病。

后来听说艾米丽爱上了一个有家的男人，她说："反正我也没想和他怎么样，这样爱着就好。"但很快，艾米丽这个号称独立的新女性，也和大多数普通女人一样，想要结婚生孩子，朝朝暮暮起来。那个男人给不了就逃了。艾米丽备受打击之下，辞职去男人的老家围追堵截，甚至和人家正室在大街上大打出手。

一天深夜,她外地的家人给艾米丽在京的朋友打电话,说艾米丽可能在家做傻事了。大家报警砸开了门,把吃了安眠药的艾米丽送到医院洗胃。男人倒是赶到了医院,但模样比艾米丽还狼狈,他从头到尾都没说一句话。等到男人要走的时候,艾米丽忽然当着朋友的面跪在男人面前,低三下四求他回来。男人也扑通一声跪下,给艾米丽磕了个头,求她放过自己和家人。

在精神不独立的情况下,经济独立或许只是导致胆更大、事更乱、错更多的铺垫。

有一位做律师的朋友,无论是在工作上还是法庭上她都曾经是叱咤风云的人物。但有一天,当这位律师朋友得知自己老公出轨的时候,她还是慌不择路地半夜给老公的朋友、同事打电话追问、哭诉,因为她找不到他了。

她说:"孩子还小,我们也才刚买了房子,如果真的离了婚,我不知道以后该怎么独立生活。"

她老公从开始时的欺骗,到后来索性住到小三家,再到小三公然在朋友圈和她老公秀恩爱,好事者居然把照片都一张不漏地发给了她。两年的时间,除了实在忍不住的时候去骚扰老公的朋友,追问艳照和艳史,她似乎已经忘了自己有房有车有收入不错的工作,有足够离开男人的独立底气。

如果不能及时止损,智商也会跟着降为零。生活中有多少如此假装着独立生活的女子,艳阳高照的时候唯我独尊,但风雨一来还要找个男人做依靠,并且再也找不到原来的自己。

小W给我留言:"孩子八个月了,我一直在家带孩子心情郁闷,你说我要不要出去找工作?但婆婆一个人带不了,还得找个保姆帮忙,我不放心。"

我回复:"那你就一边带孩子,一边给自己找点喜欢的事情做,分散下注意力让心情好起来,等孩子能上幼儿园了再去工作。如果你老公经济条件好的话,你还可以花他的钱给自己找点乐子,不必那么郁闷。"

小W回答:"我们是普通家庭,但老公和他家人对我很好,要找工作的话他们也支持,我就是不放心孩子。你怎么不建议我去找工作挣钱独立?"

我回复:"其实你心里早有决定,并不想去工作,你只是需要找个人再肯定一下，自己是为了孩子才不能独立。"

小W说："我没有决定，只是觉得如果现在去上班了，孩子被保姆抱下楼去玩的时候，发现别的孩子都是爸爸妈妈抱着，自己却被保姆抱，会不会受到伤害，变得不自信了？"

我回复："我和我身边很多职场妈妈，都是休完产假就上班了，那时候孩子只有四个月。"

即便有女人把带孩子说得有多辛苦，也苦不过早九晚五挤车骑车，有上司有下属要开会，有任务有同事有努力有竞争的上班族。何况很多妈妈身边，还有家里的老人和男人帮着忙，奋战职场就算有人帮往往也是帮倒忙。

你郁闷不是因为带孩子累，而是脑子空空的寂寞矫情。孩子睡觉你也休息养神，孩子醒了你也晃晃摇篮看看书，收拾下客厅厨房当作运动，抱宝宝下楼玩你也顺便享受下阳光。如果有老人帮忙，你甚至还可以化妆换衣和女友去吃个饭，和老公去看场电影喝杯东西。

女友现在到了断奶期，儿子满一岁了，四个月上班到现在的八个月里，她每天背着装着冰桶和吸奶器的大包上班。只能在公司卫生间里吸奶，办公桌下有个小冰箱存储一天里挤出的奶，等到晚上下班带回家给儿子喝。

昨天看到一则新闻里的图片，照片上是一位妈妈在大雨中抱着孩子独行的背影。她踩着高跟鞋，穿着蓬蓬裙，后背背着女儿的书包，右手抱着女儿，左手臂上挽着自己的大牌包，还有一个塑料袋里露出了青菜，手还得举高打着伞。

即便你想成为孩子心里的奥特曼，也得有这样的能力和这样的范。你蓬头垢面生活在三四线的小城，指望着老公养还得忠诚，满足于周边女人一样苟且的日子，又抱怨着认为自己应该有更好的生活，还想要孩子自信幸福成龙成凤，想得真是美啊。

你想要自己的孩子成为什么样的人，你现在就得去努力成为那样的人。

所有的生活现状都可以发生改变，所有的困难都可以过去，关键是你选择了什么又做了什么。不去假装着独立自己欺骗自己，假装着郁闷自己折腾自己，才会有智慧去处理情感和生活里不可避免的一地鸡毛，等到那个艳阳天。

永远不要把爱情当成唯一

男孩本科毕业后在985院校工作了两年,前段时间和同公司的女孩谈起了恋爱。女孩是本地人,性格开朗活泼,虽然只是普通的本科毕业生,但个人很是好学努力。两人每个周末都会约会,男孩月薪8000元,比女孩高点,但两人一般都是轮流埋单。

相恋两个月后,两个人逛街时巧遇了女孩的父亲,于是老爸掏钱和两个人一起吃了顿饭。席间女孩去洗手间,女孩老爸问起两个人的相处情况,男孩说了下面一番话。

"一开始我觉得她挺好的,性格也有亲和力,上班的时候经常给我买早点、咖啡,我也很喜欢您女儿。但慢慢地我发现,我们之间有个很大的问题：消费观不同。每周末约会她都会去固定的店去买奶茶喝，奶茶可以加料的，她总是要加珍珠，那么一杯奶茶就要17元。我真的不是心疼钱，就是觉得这样的消费观和我有很大差异，喝奶茶都那么奢侈，以后结婚了可能大的要求更多吧？我在犹豫要不要和她走下去。"

对了，他们生活在北京。

女孩的老爸什么也没说，只是等女孩回来后买了单，然后他问女儿："我知道你很喜欢他，但如果你谈恋爱后连喝奶茶都要被他说是奢侈的话，你现在是选择跟他留下，还是跟老爸走？"

女孩看了看男孩，起身站在了老爸的身边，老爸这才对男孩说："小伙子，你们俩确实不合适，不是消费观差异而是三观不同。我们家不是大富大贵，但我养大女儿也绝不是让她去跟别的男孩过喝茶吃饭都要被指责的生活。结婚？是你想太多了。"

父女俩头也不回地走了。真是庆幸女孩有这样一位父亲，可以及时发现并且出手帮助女儿看清身边所谓的爱情。也欣慰那是个听话懂事的女孩，可以相信并且跟在父亲身边继续了解以后的路。

这个故事让我想起多年前的往事，当时我与前任刚新婚不久，他某天跟我老爸抱怨，说我早餐不吃泡饭，每天都要买麻团糕饼，一个麻团要五毛钱，一块糕要一块钱。

父亲回答："我女儿在嫁给你之前的二十多年，是每天早上一个鸡蛋、一块糕团、一瓶牛奶长大的。"当年的那场婚姻是我一意孤行的结果，父母最终尊重了我的选择，但也因为我的离婚承担了更多——他们张开双臂欢迎我回家，又帮我带大了孩子。

现实生活中，有些所谓的爱情其实就是个鬼故事，你以为自己遇到了真爱，其实是撞到了鬼。

其实很多父母既没有智慧引导儿女如何走入社会，也没有能力帮助儿女重新开始，作为儿女的我们就更应该在事业和情感选择上擦亮眼睛。女人必须独立自尊，活出自己的身价才有可能遇到人中龙凤。

不然怎样？自己埋单喝个奶茶都要被指责奢侈，自己爹妈的心肝宝贝却被别的男人视同草芥，自己赚钱买花戴都要被说成贱，甚至用你的钱去养别的女人，真是撞到鬼了。

记得多年前有位做刑警的朋友曾经说过："不要轻易相信别人

嘴里的爱情，即便在婚姻里也不要放弃自己。因为如果发生了凶杀案，第一个嫌疑人常常就是那个与死者谈恋爱的男女，或是同床共枕的丈夫妻子。"

你或许以为这个直觉只是来自警察这个特殊身份，但大卫·华莱特也说过："在情感中，所有的爱意和恨意都更有可能转化为杀机。"

小西说："结婚后老公还是不断跟别的女人暧昧，接着就是背叛、出轨。出轨被发现后他气急败坏地连续家暴了我14次。吵架吵到天翻地覆的时候我差点儿跳楼，他却在若无其事地用陌陌和网友聊天。"

燕子说："我生完孩子胖到169斤，老公非常嫌弃，每天回家没有任何交流。之后他出轨，在争吵中把我的右手中指弄到骨裂，直到现在都是弯的。我的右手中指再也直不起来了，可他连歉意都没有。"

美亚说："我连着生了两个女孩，婆婆还要我再生第三胎，而且事先说明，怀孕时找人做B超，如果是女孩就引掉不要。我当然不愿意，可现在老公下了最后通牒，不再生就离婚。我结婚五年，两个女儿都是我一个人带，婆家不帮忙。老公每个月挣5000块，每次给我的零花钱都没超过100块。"

艾米说:"离婚后我才发现,自己结婚过了十几年不是自己的日子。终于不再焦虑老公是不是跟小三睡在一起了,不用恐惧他回来会不会对我和孩子发火,终于可以做自己的事情,也不担心上厕所都被他骂太臭。"

前不久发生过一件事,在广东中山的大街上,一位妻子堵住了老公的汽车,因为小三就坐在车里。结果老公直接撞倒妻子并且碾过她的身体,车都没停就扬长而去,留下周边的路人目瞪口呆。是什么让结了婚的女人生命都变得那么不值钱?

女人在这样的婚姻里,就算没有跳楼自杀,没有被老公打死轧死,或是去杀男人撞小三被送进监狱,保住了自己的性命,可这样糟糕危险的婚姻关系也是一种漫长而残酷的消耗,女人的青春和自信尽毁,整个后半生都用来重复前半生的痛苦与绝望。

婚姻也可以变成牢笼和利刃,受伤害最深的是那些经济或是精神不独立的女子,还有她们身后幼小无辜的孩子。

带着孩子跳楼的妈妈还少吗?有的先把孩子扔下去自己再跳,有的推着孩子要一起跳。孩子说:"妈妈,别拽我,我自己跳。"这是孩子的爱,即便妈妈要跳楼我也陪着你,没有条件毫无怨言。

父母对孩子的爱，从来都是有条件的。那些在破败的婚姻里依旧纠缠着渣男的女人，也从来不是为了孩子去坚守什么家庭完整，不过是害怕自己的饭碗也会随着离婚破碎，从此陷入没男人养或是再嫁不出去的恐慌里。

永远不要把爱情当成生命，把婚姻当成此生唯一，你或许才会遇鬼杀鬼，练就和英雄比肩的本事，最终与他一起笑傲江湖。即便身边的男人背叛了你，你还有自己兜里的钱可以东山再起。

你妈把你生得漂亮不是让你被别人糟蹋，你爸把你捧在手心里养大是让你一生幸福的，不是让你在别的男人面前作践自己。

逃离恋爱虚荣魔咒

女孩过生日和男友一起出去吃饭,结果却让她自己埋单,女孩很伤心。男友却说:"是你自己要求吃人均500的啊,我建议去吃人均200的我来埋单,你又不同意。"女孩由此想到很久之后,如果有了孩子她想去私立医院生孩子,想要孩子上好的小学,自己想要追求好一点儿的生活,男友可能都会冷漠地站在一边让她自己埋单等等。于是女孩决定和这个相恋七年、不求上进又不懂爱的男人分手,并且再也不和这类男人谈恋爱了。

这个故事不是洒狗血,而是在洒人血,也再次力证了"不是一家人不进一家门"的古训。男主七年后还穷到连一顿饭钱都在乎的地步,女主过了七年同样因为几百块不能释怀。七年前你们是穷人，七年后你们还是穷人，如果非要说不求上进就是穷的原因，女主也没上进到哪里去啊。饭钱都要心疼的时候就想着私立医院、贵族学校、富人生活，女人的虚荣心和男人的不求上进一样可怕。

前几天我把这个故事放在一篇文章里，有读者看后留言："这件事怎么能指责女人？让自己女人过不上好日子就是男人没本事，女人想要选择更富有的男人过上好生活没有错。"这当然不是对错的问题，只是两种不同的选择。你是什么样的女人就会遇到什么样的男人。

如果说男人收入低就代表没责任心、没人脉、没上进心，那收入不高的女人也多了去了又代表什么？难道只代表你不会选男人、没有嫁富人、麻雀没有变凤凰？如果说你认识的收入不高的男人大多都懒，不光赚钱懒回到家也懒，那我只能说你就活在一个懒人的圈子里，你自己也懒又没钱请钟点工只剩下抱怨。一边嚷嚷要和男人平等，一边又把过日子的希望加给男人，一边大说特说要真爱，一边又试图拿着爱和钱做交换。穷女人不和穷男人谈恋爱那是你的自由，但因为如此最终找到富人嫁了，就是女人求上进追求好生活的表现和方式？

在北京这样的城市里，要想过好一点儿的生活，对于一些为了梦想来到这里又是白手起家的年轻人来说，确实是件非常不容易的事情。中国社会依旧没有完全脱离男权的影子，这或许会给女人带来不便，但也让男人不可推卸地承担了更多的社会责任。哪个女人也不应该否认，除了生孩子带孩子女人必须付出更多的辛苦，男人在任何方面比我们做的都只多不少。

但生活的残酷就在于，有时候我们付出了诸多努力之后依旧得不到想要的结果，很多人不得不接受失败换一条路再来，此中有多少心酸和沮丧，如果你也是职场中人就不可能没尝过，为什么一到男人那里就变成了赚不到钱就是他的错？如此定论一个或许只是还没有获得更高收入的男人，就是懒、无责任心、不求上进、人品有问题，太过浅薄。

我想说的是，生活中没有钱的女人要比男人多得多，因为很多女人连经济独立都做不到，我听到男人说不和不漂亮的女人谈恋爱，但没有听到男人说不和穷女人谈恋爱，而且还有男人说："女人有没有房和车无所谓，这本来就是男人的事。"如果你还要问："我怎么就遇不到这样的男人？"我只能回答你："物以类聚，人以群分。"

如果你也想一夜暴富逆袭，那就先了解下，生活中逆袭成功的都是些什么样的女人。毕业于耶鲁的邓文迪就是不嫁给默多克,自己也能把自己过成富人。"脸谱"的创始人马克·扎克伯格与华裔女友普莉希拉·陈结婚,哈佛毕业的普莉希拉和丈夫同受精英教育,陪着他经历创业到成功。凯特王妃根本就不是灰姑娘,出身中产上名校是才女才吸引了王子的目光。

既然有人一再重申当初的爱情都是初心,那就一路走下去彼此都努力。如果有一个被甩下了也正常,你手放开心也就轻了,自己轻装上阵去追逐想要的生活。我相信每个人都曾经努力又上进,只是有些人会在梦想的路上害怕、退缩、摔倒爬不起,这中间有男人也会有女人。

追求什么样的生活是我们的权利,但不要因为个人喜好伤害别人的尊严,我们总是要找到一个合适的方式,不相爱也不相杀,江湖相忘淡淡一笑。

当有男人指责你虚荣的时候,你先拷问一下自己的灵魂,真是如此就别无理搅三分,毕竟混什么圈子是你的自由,自己滚。如果这样的指责是出于男人的自私狭隘,没钱还拿钱来侮辱你,那你就站直了,让他滚!

我们都要学会富爱自己

薇儿出生在大山深处风景优美的小镇,从小到大连几百公里以外的省城都没去过,日子过得很平静。但她内心很向往外面的世界,希望在钢筋混凝土构筑的乐土里享受生活、爱情甚至梦想。

她在小镇上工作了三年,感觉没学到什么。这之前薇儿考公务员失败了,考教师编制也没成功,最终去了一家幼儿园又觉得收入太少。薇儿说,无论自己怎么努力,在小城市好像都是看不到希望的。

某天薇儿在微博上给我留言:"我也要去北京了,去见见你说女孩应该去见的世面。这是我第一次一个人去那么远的地方,虽然我表姐在那里,但还是抵不住一种莫名的恐惧感,当然还有好奇和憧憬,希望我能坚持下来。"

薇儿在京郊的购物中心当导购,但她说:"我一点儿也不喜欢这份工作,每天上班都不开心,我好想换个喜欢的事做。"她住在六环外的合租房里,带的钱付了三个月房租后就所剩无几。其实现在的薇儿在生存和喜欢之间,几乎没有多少选择的余地,家人没有经济能力供她在北京慢慢找工作。

我回复:"你可以去试着找找你要的那种工作,但不要先辞职。"接下来的半年里,薇儿还做着导购,但日日都在盼过年,那样她就可以回家了。她还是会给我留言,都是些不开心和纠结。

但有时候她也会说:"要从身边力所能及的小事做起,现在我正在努力减肥中。我对自己目前的要求就是好好做完这份工作,然后用挣的钱为父母买点东西,去学习自己喜欢的动漫,最后能从事一份自己喜欢的工作,一切就完美了。"

后来她又说:"我发现我好像都没做好,我现在都二十四岁了,还来得及吗?"

直到上个月她说:"终于要回家了,你觉得我要怎么样度过在北京最后一个月的时间,才算有意义?"

薇儿来了半年从未跟我谈起过北京,因为她的眼界只停留在六环外那座购物商城里的那点儿事上。她也没有真正开始做好并且坚持一件事,就回到曾想离开的家乡,再去做一份不喜欢也学不到什么的工作,因为那里基本不会有动漫公司。再然后呢?相亲、结婚、生子,变成不喜欢却彻底无力再改变的样子。

其实她可以去看看故宫、颐和园,逛逛国家博物馆,看场话剧,哪怕只是去一趟光鲜亮丽的三里屯、后海,也能看到城市的另一面,了解这个城市的文化。有了爱才会有归属感,才能被一点儿小事感动心生柔软,而不只是个匆匆过客,满眼都是雾霾,满心堆积负能量。

我们如果看不到世间的美好,就终究没有眼界下的心胸,这会阻碍我们的生活态度和人生格局,日子就更会陷在生存的烦恼里纠缠不清。

工作是安身立命的根本,即便不是自己喜欢的,我们也要尽力去做好,并且依靠自己的职业素质在职场打出一片天地。这样的你才能拥有自己的社会价值，并因此赢得尊重，以及拥有让自己变得更好的资本。

在这个基础上，我们还应该不断提升能力，以便去做自己真正喜欢的事。我身边有些人把个人爱好发展成赚钱营生，这就是让人羡慕的生活智慧。

没钱，那就想办法去赚钱啊，不要相信天上掉馅饼的事情，所有能赚钱的事情都需要头脑和实干，都需要忍耐和坚持。又懒又馋，又笨又贪心的人，要么是个肉体上的胖子，要么是个精神上的穷人。

我曾经在几个城市之间辗转生活，搬家要尽量租住在市中心，方便孩子接受最好的教育，有最便捷的商业区满足所有的日常需求，还可以随时去海边和公园散步，看海那边的春暖花开和角楼上的月色。生存再辛苦，情感再多舛，我依然希望触摸到每个城市或厚重或柔美的地方，感觉自己依旧是幸福的。

这些年的这些时候，大部分都是我独自带着孩子完成人生转折，所以我特别能理解在城市之间流动，在租住的房子间搬来搬去，再坚强都会感觉到颠沛流离的薄凉。所以每次挪窝我都带齐所有的家居用品，包括宠物、照片、花瓶和绿植，这方面我从来不怕麻烦，因为租来的房子也是我的家，也承载着我想要的生活，所以一日都不能凑合和马虎。

我努力工作也用心经营家庭，不论一个人还是两个人，我都要过自己想过的生活。看起来很轻松，其实我很用力。

如果你凑合，生活一定还你凑合的样子，如果你用心经营，生活一定还你经营的美丽。生活如此，爱情亦是如此。你读懂什么是生活，就会爱上努力的自己，就能坚持为自己好的事情了。

我经常为一件新衣欣喜，为一杯奶茶开怀，为一次约会期待。这种快乐很单纯，就像小时候为一块糖就能马上破涕而笑。拥有这样的能力，人才不会被世俗腐蚀，拥有明亮的眼睛和豁达的心，也可以理解为"少女心"。

愿你在钱包空空的时候发现某张卡里还有些许余额，愿你在下雨天打到不会拒载的车，愿你尝试新食物的时候发现比想象中更好吃，愿你每天上班的心情都像周五的午后般轻松，愿你爱的人更爱你，愿你永远快乐得像个孩子……

开挂的人生毫无捷径

1

艾米大学毕业后在一家外企做销售，开始时薪水不高，工作很忙，但用她的话说："能学到很多东西就是值得的。"又过了两年，艾米已经做到了主管的位置，薪水涨了一大截，但她忽然跟我说要辞职去国外读研。

艾米当时有一个大学同学的男友，两个人来自同一座小城。男友觉得两个人在北京打拼几年了，世面见了，也赚了点儿钱，是时候回到家乡买房结婚生子了。但艾米不这样想，她说："既然知道外面的世界很大，那我总要尽力去看看更远的地方，现在的我和大学时的我不一样了，我想过更有品质的生活。"

我知道艾米家境并不富裕，在北京工作几年的积蓄也不足以应对国外留学的费用，需要边打工边读书。签证下来的时候，男友提出分手，艾米把自己关在家里一个星期，然后按部就班地准备离职、机票和行程。机场分别时，艾米说："我知道，我可以。"

三年后艾米回到北京，成为一家世界五百强的销售主管。她还是那么拼，一步步把每一个当下都过得有品质。又过了两年，她结了婚，但怀孕七个月的时候孩子被查出有问题，艾米不得不做手术终止了妊娠，这对于30岁的她来说不能不算是又一次的打击。

艾米休息了半个月就出现在健身房里，两个月后再去上班的时候，一切看起来就像什么都没有发生过。艾米说："既然失去了一样宝贵的东西，我就要抓住仅剩的，只有这样我才有能力和身体再次拥有。"不久，艾米又成了公司最年轻的区域经理。同时她也更积极地锻炼，调节饮食习惯让自己吃得也健康起来，周末假期会和先生安排短途旅行放松心情，为他们的再一次拥有孩子做准备。

开挂原本是指玩游戏中的一种作弊行为，而开了挂的人生却无法作弊，艾米获得的每一寸进步和每一次提升，都是用了她在人后的十二分努力。千万不要相信"女孩可以不漂亮，没有能力也无妨"之类的话，当你终于有一天，发现自己又漂亮又有能力的时候，人生就像开了挂，无所畏惧。

2

我认识米莉的时候她40岁，在谈一场新的恋爱，她之前离过两次婚，独自带大了一个上中学的儿子。现在的男友小她三岁，米莉说："一个人生活，有合适的就和男人谈谈恋爱，没合适的就和自己谈谈恋爱，这样的日子很好。"

米莉自己经营着一家室内设计工作室，接的活儿并不多，她说："我还要留出大部分时间去生活。"米莉把自己赚到的钱都用在她觉得值得的事情上，她去学登山，又因此爱上了摄影，又去拜师学拍照，曾经为了拍摄一对跳舞的天鹅，差点儿被蚊子"吃掉"。

她把大部分的时间浪费在了大多数人看起来无用，她却坚信美好的事物上。放松地欣赏一部电影，养会开花的植物，认真做一顿饭，或者坐在街角的咖啡馆里看人来人往，只要是那些能够让自己感到充实和满足的事情就都是美好的。米莉说："也许那些一直被我们误解的虚度时光，才是生活的本质。"

她从没有把大格局和赚大钱这种事情放在嘴边，但她的工作室发展却蒸蒸日上。工作的时候米莉认真而执着，生活的时候同样投入和努力，这样的姑娘，一路拼来往往是不缺钱也不缺爱的。

我们在酒店大堂喝下午茶，落日余晖透过落地窗洒过来，米莉整个人都在光影里，显得恬淡又美好。离婚的经历不可能没有过痛苦和挣扎，但米莉说："我觉得自己现在的样子和状态更好。"她的生活一直在往前看，不回首，不是不堪回首，而是那里什么都没有。

男友下班后过来接她回家，远远走过来的几个男人里，我一眼就认出谁是米莉的男友，因为他和女友有着一样的状态和气质，外在的般配往往也是内在的高度切合。我问米莉："你会和他结第三次婚吗？"米莉笑了："为什么不呢？我又不害怕离婚。"他走过来，轻声呼叫她的名字，她的脸上立马有了少女的娇羞，两个人都看不出来年龄。

有时候，我们并非需要完全走出了伤痛才能重新开始，而是学会了带着伤痛继续生活，走着走着新的机会也就来了。这世界上一定会有一个人，他会把你的名字叫得婉转温柔、荡气回肠。

3

这是个拼脸也要拼才华的年代，一味强调内在却毫无外在，也是一种浅薄。我个人的生活经历告诉自己，即便此刻走在人生最黑暗处，也要保持一个漂亮点儿的样子，不慌张不崩溃，不停滞不抱怨，在这个阶段里逼自己变得更好一点儿。

我能够正视自己的年龄，但不能接受痘痘和黄褐斑，有病要治病。我能够正视老去的皱纹，但不能接受变胖，脂肪真超标了饿死也要减。我能够正视爹妈给的五官，但不能接受不做任何保养修饰，妆要化衣服要美。只有在你看上去好，你才会自己感觉好，你的外在和内在也才能像你感觉的一样好。

身边有几位姑娘和先生，是保持身材和颜值的狠角色，也都是职场精英，拥有丰富的个人生活，或是幸福的婚姻家庭。这一点更说明，真正优秀的外在和内在往往是高度统一的，以貌取人也是最符合时代发展的看人方式。之所以要跟有情趣和幸福的人交往，就是需要不断发现自身不足，去尽量完善和成就自己。

我断食七天结束，体重减掉八斤的同时也很清楚，一旦恢复正常饮食，如果不能配合运动和继续节制饮食巩固成果，体重也会在短时间内反弹。这种只喝水的断食绝不是什么好玩的事，每天都在煎熬中度过，虽然没有出现什么特别不好的情况，但也不会轻易尝试第二次。因为不论减肥还是保持身材，都需要长期节制饮食和加强运动才能实现，任何单纯靠饿减体重并且保持下去的想法，都不可能做到。

第八天恢复饮食就去健身房，身边人问我有体力支撑跑步吗？我说："跑不动就走呗，反正我也得先完成五公里。"坚持运动本来就是这样，前半段靠体力后半段靠毅力才能完成。好多事情其实我们大家都能做到，做不到是因为只顾着矫情前因后果，打听着各种道听途说，却始终对开始做这件事本身望而却步。

我喜欢那些五官也许并不出色，但身材一直很卓越，而且每次见到都打扮得美美的姑娘，这也是不漂亮的她们一种棒棒的人生选择。我们脸上的微笑，后天的努力，成熟的豁达，生活的热情，最终都会在岁月里隐去原本并不出色的部分，只留下了一直卓越美好的模样。

做个让人生开挂的姑娘，任何时候开始都不晚，跨越年龄，所向披靡。

先脱贫再脱单，先谋生再谋爱

崔艳高中毕业五年，但工作的时间加在一起还不到一年。如今23岁的她即便上班也只能是服务生之类的活，但这样的工作她嫌苦又叫累。后来去学技能报了班，但也坚持不下去，于是就这样干一个月又歇半年地混着。

她生活在二线城市，平时住在家里吃父母的，零花钱也向父母要，可只靠父亲一个人养家的收入实在供不起崔艳想要过的生活。男友断断续续交了几个，可还是达不到崔艳的标准，用她的话说："怎么着也得找个有钱人结婚吧。"

崔艳的母亲今年忙里忙外地招呼着七大姑八大姨给女儿介绍对

象,觉得女儿再嫁不出去就成了老姑娘,要砸手里了。可自己和丈夫就这么一个女儿,她如果嫁个有钱人爹妈老了也能有个依靠。于是崔艳索性也不忙着找工作了,平时除了相亲、约会,就是在家玩王者荣耀,日子看上去也很忙。

终于有亲戚介绍了号称有别墅、豪车的生意人,该男三十多岁,出手很大方,除了给崔艳买名包,还给未来丈母娘买首饰。交往没多久,男人提出要带着老丈人发财,以为机会难得的一家人把积蓄都投资到所谓的生意上,结果男人"卷包烩"失踪。

崔艳不但没嫁给有钱人,爹妈的钱还被"乘龙快婿"洗劫一空,人和家都更穷了。

小菲工作多年月薪还在5000块晃悠,跟人合租了北京六环外一间不到十平方米的小屋,每天花三个小时上下班,下班后一旦错过了地铁就回不了家。她说:"我也想多赚钱,可没有遇到好机会,但女人如果能找个好老公嫁了,好好过日子也不错啊。"

当然,她说的这个"好老公"一定要有房、有车和有钱,最好还有北京户口。前段时间有人给小菲介绍了一个,一听人家月入一万,她就摇头嫌太少了。而另一方面,人家一看小菲的照片,就把头摇得跟拨浪鼓似的。

小菲的朋友圈里也有好几百人，一有点儿事就刷屏，还有很多自己如何省钱的攻略和经验，各种团购和抢购，各种抽奖转发和优惠券。她说："男人都喜欢会过日子的女人，再看你的朋友圈，太贵，别人根本养不起啊。"

没有人承认自己无能或是懒惰，但还是有些女人，明明有着强大的基因，却偏偏被找男人、结婚、生孩子束缚了原本可以比男人飞得更高的心。既然拼不了爹妈就拼自己啊，二十多岁是用来奋斗的，不是用来忙着脱单的。

林丹23岁结婚，30岁已经是两个孩子的妈妈，这样的生活是很多老妈嘴里的"正常日子"，但林丹的日子一点儿都不正常。老公因为父母有点钱一直就不正经工作，林丹要为自己花点儿钱他就百般不乐意，买了也什么都嫌贵，公婆挣下的一切看上去也和她没有一点儿关系。

夫妻俩和公婆住在一起，反正林丹不工作，生两个孩子家里也没请过月嫂和保姆。婆婆要上班，所以基本不帮忙，回到家还要求儿媳妇做好一家人的晚餐。林丹有时候觉得自己就是个没有薪水的保姆，照顾一家人的衣食住行，还要独自带两个幼小的孩子。老公情愿泡在外面的网吧里，也不愿回家陪孩子玩。

就算嫁的男人有钱又怎样？人家不愿意为你花，人家爹妈要求你孝顺并且伺候到他们死，或许房产和财产才能留给你，而你也早就耗光了年华与心境，有钱都没了花钱的去处，你还是穷了一生。

不努力经营自己，不在该成长的时候成长，却用来急着恋爱和嫁人，结果呢？30岁就被生活琐事、孩子房子、婆媳关系纠缠，发现钱还是不够用，男人没用又想着去拼孩子试图老了沾点光。结果40岁就成了黄脸婆，夫妻关系陷入冷漠凉薄，丈夫出轨，孩子叛逆，甚至连性生活都已经日渐稀少了。

这是一个女人不努力、不自省、不改变的人生写照，这也是很多女人正在走的路。因为自己不努力，于是每天都想着靠男人提携自己，靠婚姻改变命运。

结果生活中更多没事业、没追求、没钱，甚至没点儿正事的男人，借着各种因素顺势结婚，却一点儿家庭责任都不付。

在国内，结婚还是很多女人为自己，乃至为自己整个家庭找的饭碗,越是低收入者越是想更早进入婚姻,然后生更多的孩子。原本"结不起婚"的男女,还要负担另外一个完全没有收入的配偶,养两个以上的孩子,生活或是心理状况的恶劣就不可避免。

在美国,中产阶级结婚的比例更高,结婚日益成为地位的象征。很多低收入者不是"结不起婚",而是想等到经济状况改善之后再结婚。他们表示:"婚姻是承诺,如果有一个人失业了,另外一个人还可以照顾家庭,男女双方经济稳定再结婚是件好事。"

生活状态好的男女心中,结婚代表着经济宽裕和受过良好教育,虽然如今时代结婚不是必须的选择,但有能力和相爱的人结婚,并且给对方稳定安全的家庭环境,依然是人生赢家的象征。

我们身边也有20岁经营自己,30岁经营事业,40岁照样恋爱、结婚、生子,甚至五六十岁还能再披婚纱的女子,人家精彩的背后都是十二分拼命,才获得了命运的垂青。

你越是优秀,就越是想爱就能爱,想嫁就能嫁,你离开谁,谁离开你,你都可以过得很好,就谁也不舍得离开你。很多人都以为往下走工作更轻松,实际上是往上走才会如此,因为层次高的人脑子聪明清楚,做事更理智。

你要的一切你都可以靠自己得到

Q姑娘每天都在做着创业梦,手边那份销售的工作却不好好干,用她的话说:"每月就赚那一点儿钱,连买个LV都不够,还整天风里雨里地跑市场和见客户。"于是她想着怎么才能赚钱快。

前两年开了淘宝店卖女装,也很卖力去批发市场进货,只是忙活了三个月后发现生意惨淡,就没了后劲。那时候开店本已不是最好的时间,但坚持一下多在货品上下功夫,或许还有一线生机,但Q姑娘不做了。

去年她又开了微店卖化妆品,做一个国产品牌口红的代理商,看着也不错。但没多久她又说:"利润太低了,我要卖到什么时候才能赚大钱啊。"又过了两个月,卖口红的事情也歇菜了。

去年夏天北京的房价上涨，带动着周边城市也开始上涨，Q姑娘忽然开始借钱，说是要去河北买房子。原本我以为她是要自己住，结果人家是要炒房赚钱了。只是Q姑娘全部存款就几万块，付个首付也需要借债无数，人家知道她薪水只有5000块的时候，怎么可能借钱给她炒房子？Q姑娘张罗了几天后就没有了动静。

她虽然又有了新计划，但公司却让她辞职走人了。销售业绩垫底，工作不努力不说还经常请假，现在哪个公司也不会养闲人，混也不是那么好混的。两年的销售工作Q姑娘甚至没学到什么经验，再找新工作面试屡屡挫败，这让Q姑娘很是沮丧。

Q姑娘最近又来问我："婚姻可以改变我的命运吗？"我摇了摇头："如果你因为一直不走运，就一心想钓个金龟婿，那婚姻只会让你的命运更不济。"嫁得好当然是每个女人的向往，关键是感情是件至纯至性的事，装得了一时装不了一世。就算是同样能够长久的政治联姻或是利益联姻，也要彼此家庭地位都级别相当才可以维持江山稳固。

但Q姑娘又办了某婚介公司的高端会员，而且还去上礼仪类的课程。她说："我要去找个能成全自己的男人，创业需要本钱，我那点儿钱根本不够折腾，这也不敢投那也做不了。如果他足够优秀的话，还能介绍更好的资源给我，人脉广了就一定能赚到钱。"

如果现在的你看起来很不走运，那就别去相信男人和婚姻能成全你了，现成的好男人本就不好找，遇到了也看不上什么都没有的你。你当然可以说，想通过婚姻改变原本不堪的命运并没有什么错，可问题是当你的不堪，特别是由虚荣心造成的不堪，已经把自己折腾到人不人鬼不鬼的时候，谁还愿意去成全你的美梦让你过上什么好日子？只怕躲还来不及。

H姑娘结婚五年孩子三岁，老公家境不错，她结婚之后就不再工作，但婚姻却成了她的一场噩梦。老公喜欢喝酒，喝醉了就回家打她，开始时婆婆还劝劝拉拉，再后来就是替儿子开脱说那就是耍酒疯。第二天酒醒了男人也会道歉，只是说自己忙着赚钱养家，在外面必要的应酬很正常，但下次喝多还是动手，根本不管儿子在不在旁边。

但H姑娘说自己不能离婚，各种理由之后最大的原因不过是老公能赚钱，自己除了挨打还是富足清闲的，她根本没有出去工作的勇气。她只是经常找人诉诉苦罢了，回到家该怎么过还是怎么过。

某天她被老公踢断了一根肋骨，再哭哭啼啼说这些的时候，我忍不住提高了声音："那你就去请教练学散打，练跆拳道，每天去健身房打沙袋练力量，他再打你的时候，你就和他对打，打到他没有还手之力为止！"即便不能离婚，也总有办法去对付渣男，至少在需要的时候，你能以暴制暴也可以啊。

我们根本不需要告诉别人自己的梦想，不需要婚姻拯救命运，不需要向别人诉苦，即便眼前的世界看起来不太美好，也可以凭借自己的努力改变和坚持，让一切都慢慢变得没那么糟糕。唯有我们自己能够成全自己，你想要很多很多钱，你想要很多很多爱，都要先靠自己去拼、去做、去得到。

女人拼脸也要拼才华，爹妈给的脸就算不漂亮，也不是你不能拼脸的理由。护肤美白、充足的睡眠和快乐的心境都能让你焕发光彩。而那些真的拼得了才华的女子，又有哪个不在乎自己的脸？别被一些心灵土鸡汤忽悠，以为只修内在就能百战百胜。历朝历代都看脸，不是这个时代有多奇葩，而是你自己太难看。

近日为一家公司赶稿，总监打了N个电话和我沟通内容，交稿的时间也被一再提前。我终于在凌晨三点把策划案发进对方邮箱，然后倒在床上美美地睡到了中午，可醒来拿起手机就看到，对方在早上五点就回复了一封内容详细的修改意见。她已经是位成功人士，却还是这么拼，原来别人都在我们看不到的地方更努力。

每个女人随着时间的流逝，总有一天所有人都会被要求：你要去做妻子，要去做妈妈。可你自己不能忘记提醒自己，你还有才华，你首先需要成全自己，才有可能做一个幸福的妻子和有价值的妈妈。

女人靠自己变得优秀是为了获得更多自由，更多选择的机会。我们可以自行决定要不要恋爱，要不要结婚，或是要不要眼前这个男人，并且在每个决定之后，都能让自己的生活品质迈上一个台阶。

冥冥之中，我们此生都有一个注定的人，或早或晚都会来到你的身边，电视里他叫"夜华"，生活中他叫"缘分"。每个女人都是在凡间历劫的女上神，你要善于发现自己，并最终成全自己。上神不需要被夜华拯救，你只需要他来爱你，然后共同去发现和分享这个世界的美好。

你遭遇的所有艰难与辛苦，都不过是在历劫，是为了成全更好一点儿的自己。什么会牵制你，你就放弃什么，什么能成全你，你就追寻什么。大风越狠你的心就要越荡，修炼成上仙，还要飞升上神。

你看不惯我又干不掉我的样子,真好看

1

北京的第一场雪如约而至,早上打开窗帘,雪花纷纷扬扬像是一幅动感的画面。我拍了照片发微博说:"今天应该去故宫啊,下雪后的北京就变成了'北平'。"

下面有人立马留言说:"今天故宫闭馆,谢谢!"

故宫的美景远远不在于宫内,宫墙外的一切更适合人少的时候去散步和拍照,你不知道的事情太多,别动不动就暴露智商,谢谢。

之前有位女友,见面就喜欢唠叨我:"别减肥了,对身体不好，人活这一世连吃东西都得控制，还有什么劲？"看起来她也是为我好，可我的生活不是她想象的样子，她的"好"在我看来，都是多余。解释？跟不相干的人做有关任何问题的解释，也是多余。

我用身材表达我不听她的话，终于有一天她恼了："你整天美美美，还不是离婚了？我老公就喜欢我这样的身材，还不是天天把我当成宝。"我当时不知道她为什么非要和我计较身材、体重，只是她胖而已，后来才知道，她老公手里还有别的"宝"，而且是个不胖的姑娘。

生活里太多这样的人，满身负能量，嘴巴超级欠，不管熟不熟悉，甚至认不认识，一看到人家好心情就想去添堵。如果是生活中的熟人，一旦看到别人不为所动，就会开始各种说教，好像我们要是不能变成她那样的人，简直天理不容。其实最终目的就是希望我们过得比她更惨、更不堪罢了。

有些人以为自己这样说或是那样做，就能看到别人的笑话了。结果呢？你看不惯我又干不掉我的样子，真好看。

2

A姑娘和B姑娘是大学同学，面试同一家公司居然都成功了，两个人还被分在一个部门。一年多以后，B姑娘升任主管，A姑娘就怎么也过不好了。

先是部门传出了B姑娘和某区域经理的绯闻，大家指指点点的时候，B姑娘倒是坦然。她说："原本就没有的事情，越解释越乱。"人家还在为了完成最后一个季度的销售任务拼命努力，甚至没有时间去深究谁在造谣生事。

面对谣言，你去解释的过程，就是谣言传得更真更远的过程。小人就像柴火，你越拨火越旺，你不去理会，慢慢地也就彻底熄灭了。

A姑娘属于那种嘴巴快过手的人，也博得过上司的赏识，于是利用她以为比较铁的关系，她带着团队里的几个人开始和B姑娘作对。A姑娘控制不住嫉妒心，工作上自然也会出纰漏，B姑娘作为主管就事论事，处理工作疏忽毫不留情，A姑娘招架不住了。

面对年销售任务超额完成的好成绩，B姑娘的工作能力得到大区经理的肯定，在部门里的地位更加无法撼动。这时候，就算B姑娘当作什么事情都没发生，A姑娘的日子也越发难过了起来。她以为部门经理是自己人，但人家也是谁能完成任务，谁才是自己人，经理的年终奖是和任务完成情况挂钩的啊。

年会上，B姑娘穿着小黑裙向A姑娘敬酒致谢，感谢她和团队的共同努力。B姑娘脸上的微笑分明在说：你看不惯我又干不掉我的样子，真好看。

职场上这是我们常常会遇到的一类人，本事不大忌妒心很强，小事不屑干大事掉链子，甚至以为靠溜须拍马就能稳坐办公室的位置。如果你是公务员，位置稳定处境也会艰难，心情不好别抱怨都是别人压着你。如果你是公司职员，没工作能力早晚都得让位，年龄越大越是活不明白跳槽都难。

无论你有没有遭遇过职场小人和困境，防人之心不可无，不断提升工作能力和职业素养是每个人都必须要做的事情，不论你是什么职位什么薪水，我们都要拥有随时开启爱谁谁、过快意人生的能力。

3

现在流行加微信好友，或许一生可能只有一面之缘的人都拿着手机要求"微信好友"，结果大家，都免不了加一些不是朋友的人微信好友，以便联系。

所以我不在意朋友圈里删删减减的那些事，对每天发帖太多的人也会选择屏蔽，刷屏会让我打开手机看不到自己人的朋友圈，错过了和家人互动、给朋友点赞。但是我发现有些人很在意，好像加了朋友圈就是朋友，被删了就是一种侮辱。抱歉，如果你是这样的人，别加我。

去年有位因为工作关系认识的姑娘加了我的微信好友，刚加的一段日子她经常深更半夜跟我聊微信，说生活、工作中遇到的各种烦恼和问题。我却是个不经常看手机的人，于是姑娘开始在自己的朋友圈发泄对我本人的不满。只是我还是没看到，因为她每天N条微信朋友圈刷屏，她的不满随后变成了人身攻击，利用的还是之前看到我朋友圈里的那点儿事。我偶然发现，一笑删之。

然后我的公众号文章评论里也出现了谩骂之类的评论，仔细一看，也是这位姑娘。朋友曾经跟我说过，有些人对删好友这件事很敏感，所以即便不喜欢的人一般也选择不删，而是分组。结果是一样的，就是都看不到人家不想给你看的东西，免得一朝变脸，有人利用之前的朋友圈内容别有用心。

这么看，朋友圈里也隐藏着定时炸弹啊，还是别乱发朋友圈为妙。其实没关系，聪明人不论什么圈，让别人看的东西都是能让别人看到的，不想让别人看到的根本不发在微信朋友圈。你看不惯我又干不掉我，就别白费力气了。

如果有一天你发现我删了你，请原谅，这和爱不爱、喜欢不喜欢没什么关系，那是因为我发现，你的世界真的不缺我一个，我的世界也一样。你别自作多情，也少自以为是，克制自卑和敏感，就没那么容易受伤了，世事和情事，都大抵如此。

很多时候，别以为别人尊重你是因为你优秀，而是优秀的人对谁都尊重。别人不解释不是因为你赢了，而是能赢的人根本不屑在你身上浪费时间。

那些每天都早起的人有多幸福

离我家不远就是京城的CBD，写字楼、购物中心和高档公寓并立。最近那里开了一家24小时营业的港式茶餐厅，我就约了几个女友去喝早茶。

如今各种颜色的共享单车方便了短途出行的需求，即便是盛夏，清晨的阳光也算温和，于是我骑着单车出发了。早高峰时，无数条人潮使用各种交通工具向这个方向汇聚，拥挤得让生活的诗意都失去了许多。

如今的都市里，吃早饭仿佛都成了一种奢侈，单身的人几乎都不会在家做早餐，有家的也常常只顾着孩子，顾不上彼此。要么就在早点摊上凑合各种不知道什么油烹饪的食物,喝着和大豆没什么关系的所谓豆浆。更多的人不吃早餐,情愿睡到晚一分钟就会迟到的点儿,再匆忙洗漱奔赴工作岗位。

不吃早餐会造成上午的工作、学习反应迟钝,因常年不吃早餐引起的肥胖、胃病、胆结石等在年轻人中蔓延。营养学家证实,早餐是每个人一天中最不容易转变成脂肪的一餐,早餐、午餐和晚餐比例最好是3∶2∶1,这样能让你在一天内所吃的食物在体力最旺盛的时间内消耗掉,增加营养而不是增添肥肉。

一天中最美好的时光和早餐,就这样被糟蹋了,空着的肚子让脸也冷着,炎热的路途让心也焦灼着。

《深夜食堂》之所以火爆,是因为很多人晚上不睡早上不起,到了夜晚只想发泄一天的焦躁。但他们却不知道每天早起吃一顿丰盛的早餐后,可以赢得多少努力的时间。

食物,最能抚慰人心,所以除了在家做饭,每个月我还会去几次西餐厅和茶餐厅吃早餐,或西式或中式,尽量满足味蕾的需要,其实这也是生活的需要。外出旅行选择酒店,其中一个因素也是早餐需要丰盛的去处,让我可以不睡懒觉,愿意慢慢花上两个小时喝足水和吃饱饭。

和女友坐在茶餐厅的落地窗边,吃着美味的食物,看着外面的人群,满足感和幸福感油然而生。我们各有各的生存压力和生活烦恼,但还是愿意早起聚到一起,惬意享受一顿丰盛的早餐,然后再次汇聚到外面的人潮中,去奔赴各自的前途。

这时候,胃里是暖的,心里是美的,举步维艰是因为我们在努力上坡,让眼睛先看得更远一点儿。

我爱上的是这样一个自己,用心演绎所有不被人注意的时光,重视每一餐食物、每一点儿努力、每一段情感和每一寸人生,不那么快乐的日子也能过得光鲜明亮,让人瞬间原谅生活中所有的磨难。

我爱上的是一个每天都早起,周末也会去跑步不睡懒觉的男人。他愿意花时间先陪我认认真真吃一顿早餐,再认认真真去做自己的工作。每天都早起的人身上有个明显的特点,就是有很强的自律性,往往比很多人更有热情和活力,也更有成功的可能性。

其实一出生就有人告诉我们,生活是场赛跑,不跑快点就会惨遭践踏,哪怕是为了出生,我们都得和两亿个精子赛跑。那时候我们跑赢了,得到生命,却在以后的日子里因为每天睡懒觉跑输了,这真是可惜。

什么熬夜工作,每天只睡几小时,没时间好好吃饭,多久没休假了等,如果这些东西也值得夸耀,那么从事高强度流水线工作的任何一个人都比你努力多了。

这些年我一直在提醒自己两件事:一是千万不要自我感动,你的努力跟别人比起来可能不值一提。二是千万要好好吃饭保证健康和苗条,除了生死都不是大事。

我说:"早起的鸟儿有虫吃。"你说:"早起的虫儿被鸟吃。"有时候决定一个人命运的不是能力,而是选择。

辑二
做一个有境界的女子

丰富自己的精神世界。

反正世上人山人海，我可以边走边爱

昨天女友翘班和我一起去寻味京城下午茶，又去二刷了电影《战狼2》，因为这部电影我们被吴京圈粉。女友说："他把女主强抱上直升机后，单腿跪地双手一摊的温情与霸气，能瞬间击中女人心。"

于是我们和各自的男人，然后是我们俩，去贡献了不少票房。电影院位于这个城市最风情之地，晚饭的时候看完电影，我们还是免不了一场吃吃喝喝。巧的是，男友也在楼上的一家西餐厅里和哥们儿吃饭。

女友结婚十年，孩子两岁，这个月轮到公婆带孩子。如果是自己爸妈带，女友可以安心玩到更晚一点儿，但公婆在就得尽量早点

回家带孩子睡觉。即便是情感幸福稳定的男女,也是要有相处和经营之道的,我们也会各自找乐子,但并不耽误继续谈两个人的爱。

找到西餐厅的时候,两个上班时衣冠楚楚、下班还是手机不离手的男人正在小酌,哥们儿遭遇离婚危机,显得有些疲惫。老婆其实并不想离婚,真要离,两年前老公开始传绯闻的时候就散了。她只是断断续续地闹着,又间歇性地放弃着,直到把里子面子都扯破之后,男人要离婚,她又退缩了。

长达两年的时间里,她找不到老公的时候,就不分时间,甚至深夜还会给老公同事和哥们儿打电话,问别人是怎么回事。其中有一晚,老公真是和朋友喝酒不省人事,给她打电话时,她又避而不来让人家把老公送到酒店睡。那时候我以为她是真伤透了心,至少可以不再用爱折磨自己,也不用再麻烦别人了。

这是爱情吗?自己的老公在想什么做什么都不清楚,只能偷看着手机查问对方的行踪。这是亲情吗?没有血缘关系的男女,靠一个孩子就想彼此托付终身,可能最终也只是同床异梦的结局。

回不到过去,也没有了重新开始的勇气,男人原本也是职场精英前途无量,现在却挂着一副倒霉相,家庭事业两耽误。男人愿意给房给钱，只是要孩子的抚养权，因为一直是自己父母帮忙带大的。但女人不肯给孩子，男人也不愿闹僵，他希望即便离婚，两个人还是可以相互看望照顾孩子长大。

这种结果原本是离婚最理智的一种方式，但往往还是女人想不通，担心男人有了抚养权就不会让自己看孩子。可生活中又有多少带着孩子的单亲妈妈举步维艰？一些人不离婚的理由是——为了孩子容忍男人，一些人离婚了也仍然以为孩子好的名义拦着父亲，或是父亲的家人尽到照顾孩子的责任。这样的人离不离婚都不幸福。

身边也有离婚时闹成了仇人的夫妻，霸占孩子不让父亲见，见一面也得跟着。我问她："为什么？"她说："我担心他把孩子抢走了就不再给我。"都还那么年轻，男人很快就会再婚再有孩子，你却早就不是人家枕边人，男人还愿意支付抚养费和定期接送孩子，就已经是个好父亲了。真是孩子至上的男人，也不会离婚凑合着过了。

另一个妈妈，老公最近两年出轨不断，还各种没脸没皮和肆无忌惮。但她就是迈不出离婚这一步，她说："我受不了孩子离婚后喊小三阿姨，或是妈妈，更不能想象让她抱和亲我的孩子。"只有你才会把自家孩子当个宝，后妈巴不得不去带也不去管，更不愿意抱和亲。

所有闹到不能再爱的爱情和不能再维持的婚姻里,都没有绝对无辜和单纯的男女,越是想得多越是自己心虚,越是矫情卖乖越是因为自己离不开。

我们谁都不可能一生只爱过一个人,前段时间我接连在几个遭遇情感困境的姑娘口中听到这句话:"过去车很慢,信很长,一生只够爱一个人。"

现在的女人都在说独立,一些女性一边要和男人平等,一边又以弱者的姿态霸占道德制高点。就是分不了手,就是离不掉婚,也没关系啊。别闹腾到体面尽失,让情感没有了回旋的余地,再不济也可以自己好好活着找点乐子,工作也好,爱好也罢,你自己永远比男人和孩子更重要。

"很欣喜你来过,也庆幸你离开,反正人山人海,我可以边走边爱。"这句话是我热爱的生活和情感的写照。我没有活成别人想要我活成的样子,有质疑也可以用"关你什么事"爱谁谁。

我从来不缺自己想要的爱情,也不排斥婚姻,但我不会勉强天长地久。一生很长,不光男人会变,女人也会变,不爱了放开手,也是在对自己和别人负责。对自己都不负责的人,常常会成为我们的负累，扔掉了也没什么可惜。

别说爱情和婚姻，先照照镜子好好看看自己。一个无权无势甚至连工作都无心努力的人，根本谈不上什么真正的自由，反而处处受限制，好男人遇不到离个婚都不敢。一个有身份有地位又富有的人，才能从容坚定地追求梦想，也更有力量留住和护住心中所爱。

昨晚回家的时候，男友的同事又约他出去谈谈，说是要辞职创业去了。他是男友的得力助手，男友未免有点儿遗憾。我说："一个得力干将要走，你明天上班就得立马去重新排兵布阵了，以免影响到销售任务，哪还顾得上伤感？"

对情感、对工作、对人对事我们都要当断则断，拖泥带水大多是浪费了时间。在去爱去努力的时候，如果我们从来都是全力以赴，那么离开和失去就不会有遗憾。

反正这个世间人山人海，我可以边走边爱，一生努力的人从来就不会孤单。

你自己不够好,喜欢什么男人都是白搭

芳华和老公是大学同学,也是彼此的初恋,结婚到现在已经有十多年。她是理工科才女,如今是某家大公司的中层管理人员,老公是公务员,收入不算高但对芳华一直很好,甚至买菜做饭和收拾家都比老婆更上心。芳华除了忙工作上的事,家里几乎事事都不用操心,也一直没有生孩子。

但今年芳华一家看似平静幸福的日子,被一场突如其来的"爱情"打破了。芳华公司空降了一位高层,也就是她的顶头上司Z先生,绝对的青年才俊,而且目前还是单身。公司里一干姑娘都沸腾了,都跃跃欲试,这其中居然也包括芳华。

辑二
做一个有境界的女子

他们俩有很多工作中的交集,偶尔也需要一起出差,接触多了芳华越发被Z先生身上干练、认真的职业气质所吸引。她说:"其实,投入并且忙于工作时的男人最性感、最迷人。"芳华爱上了自己的上司,用她的话说,忽然感觉自己之前都白活了。

老公爱了她十年,芳华不喜欢孩子也没有怨言,把老婆和老婆喜欢的狗都当成了自己的孩子宠爱呵护。这样的付出,如今在芳华所谓的爱情面前,都变成了无趣和庸碌。

之前从来不打扮自己的芳华,忽然要买衣服和化妆了,以至于某天一起吃饭,她远远走过来的时候我都没有认出来。浓妆艳抹之下,是暴露的衣着,和三十多岁的她极不相称。衣服买的少女款,浓妆却似老人,但芳华说:"我要和你一样啦,每年都有改变。"

是的,每一年都要有改变,现在的你要比去年的你又好了一点点,这是我说的。但芳华是为了婚外爱上的男人去改变,甚至并不了解人家喜欢什么样的女人。

过了两个月,芳华就变得沮丧起来。原来,上司除了工作,回避任何私下的交往,她深夜发的微信也从来不回复,距离感把握得十分准确,并且有意无意透露出自己是有女朋友的。显然,这不光是个高智商的职场精英，还是个高情商的男人。

但芳华不相信他的话，把这些当成是男人的借口。她说："公司里的文员前台之类的小姑娘都不知天高地厚地去扑他，他当然是看不上的，用女朋友来当挡箭牌。"

芳华还是向上司表白了自己的爱慕，Z先生面无表情听完她的话，回道："我有女朋友，而且快结婚了，出了办公室的门我就当你什么都没说过，以后也不想再听到。这个职位你的能力能胜任，我很满意，如果你不想干了，公司也不缺更好的员工。"

上司说完要出门，芳华却崩溃地挡在了门口，人家不好碰她，只能坐回到办公桌前，打电话叫助理。芳华当晚在酒吧里哭，她说："我知道他身边不缺女人，但不管有多少个女朋友，我相信自己会成为他的最后一个。"

世间没有一个女子会认为自己丑，哪怕是真不好看，在面对爱情的时候也觉得自己是最美的。芳华一直拉着我问："难道我还不够漂亮，不够好吗？他为什么不喜欢我？"

我反问："之前让你打扮自己，你说素颜最美，让你管理身材，你说你更喜欢管理员工，让你把心思也放在家和老公身上一些，你说那是家庭妇女做的事，结果呢？你脸色油腻晦暗，体重和年龄一起增长，衣服上经常沾着狗毛，下属和你的关系并不融洽，你还觉得是老公和婚姻无趣。"

芳华的上司确实够迷人，而且人品无可挑剔，身边女人无数，被所有人捕风捉影，也仅仅只是八卦。却唯独芳华要知难而上，以为自己少女般的爱情能扑倒任何男人。

换位思考一下，有家室的男人如果爱上婚外的女人，会被说成无品渣男。那一个有家室的女人去追求婚外的男人，又算得上什么好呢？做着如此不漂亮的事，还要标榜自己有多漂亮有多好，那些有底线和有原则的男女是不会信的。

你自己不够好，爱上什么样的男人都是白搭。真能被你搭上的，也是一样不够好的男人罢了。

有些时候开始就已经注定了结果，只是你不信所以还要去尝试。当底线和原则被放弃，游戏就开始了不公平，而处于无理和劣势的那一方想要表达自己的深情，或是想要挽留什么的时候，还没开口就已经输了。

芳华不能自拔,经常喝多了酒给上司发微信、自拍什么的,从未得到过回应,不久芳华就被调到别的部门。爱慕成了骚扰,骚扰又成了犯贱,就没什么尊重而言了。

高情商的男人眼里除了自己爱的女人,别的女人都是麻烦,这是他的深情。他会在和异性相处中坦白直接,没有暧昧会有尊重,他先拉开了距离,女人如果纠缠不休,那接下来就是自取其辱了,这是他的无情。

我无意霸占道德的制高点,去指责不在状态的单相思和婚外恋,以我的年龄和阅历甚至可以理解任何状态下的情感,也唯有经历以及痛苦才能让我们获得成长。

但我还是希望成年女子能够早一点儿去选择为自己好的事而努力奋斗,因为唯有自己够好的时候,我们才能过上在任何年龄和任何境遇都不缺爱的生活。

想遇到一些更好的人,接触到一些美好的事物,想在遇见真爱的时候能与他并肩而行,在能够彼此成就的时候进入婚姻,那从现在开始就应该做出改变,先成为有情商有能力的人。看清自己,设立目标,一步步去努力,人生就随时都有翻盘的可能。

情商低固然和所受的文化教养太少有关，也和有些人见的世面太少有关，又和懒惰、愚蠢有关。要学会拒绝，对和自己无关的人，对自己做不到的事，要变得无情一点儿。要学会克制，能爱却不该爱的人，有条件做却不能做的事，你克制了自己也就克制了命运里的不堪。

很多人以为无情会让自己遍体鳞伤，却并不了解，伤口里长出的会是一双更有力量的翅膀。很多人以为克制就是委屈自己，却并不清楚，克制里生出的是一种最自由的人生。

没有尊严和尊重的爱情都不是爱情，是犯贱和作践。

女人最大的心愿就是要人爱她

英国作家阿加莎一生波澜不兴,貌不惊人,也心无旁骛,不过她却有着传奇的人生。一个普通的英国妇女,一辈子在打字机上捣鼓了六十几个杀人游戏,构思精巧,逻辑缜密到结局读者才会知道真凶。

你能想象出,阿加莎每天喝下午茶的时候都在琢磨什么吗?决定凶器是一把门缝里插进来的夺命刀,还是一颗呼啸着穿过树林窗户的子弹。

我也喜欢看阿加莎侦探小说改编的电影,虽然目前只有《阳光下的罪恶》《东方快车谋杀案》和《尼罗河上的惨案》。《尼罗河上的惨案》还有一个富含深意的结尾,经历了谋杀游客带着各自的欢喜与悲伤下船离去,连母亲被谋杀的姑娘也因为有了承诺会照顾自己的男人,而喜悦甜蜜地跟波罗道别,但他告诫:"小姐,要悠着点。"

然后,波罗立于船舷望着众人的背影和尼罗河的碧波,意味深长地说:"女人最大的心愿是有人爱她。"

这是法国作家莫里哀的一句名言,也是电影所增加的神来之笔。但我宁愿相信这也是阿加莎的本意,一个生活里普通的女子说出了最真挚的心里话。她当然足够有才华,可以创造出一个奇思异想的世界,迷醉众多读者路人,但她最需要也最热爱的,还是一个简单的家和一份普通的爱。

某一天午后,女人在花园里捧起下午茶,看阳光懒洋洋洒落在茶点和书上。这时候,那个深爱的男人走过来,低下头,亲吻自己慵懒却发着光的女人。

我想,没有一个女人能逃过这样的心愿。

因为很难实现,大部分的"爱",最终也只是"爱过",所以要称其为"心愿"。

咪咪大学时就读完了图书馆里所有阿加莎的侦探小说，也一直暗恋着同班的男神，前三年她看着男神身边的女友流转，悲喜交加却从未曾有过机会表白。于是咪咪把大部分时间都用在读书上，成绩当然也拼过了同学，为自己争到了保研北大的机会。

就在咪咪觉得默默关注会随着毕业结束时，男神却因为再次失恋，终于把目光投向了即将去北大继续学业的咪咪身上，两个人在毕业分手季进入了热恋。男神是北京人，本科毕业后工作了，咪咪原本打算住校，但最终还是住到了男神家另外一套房子里，两个人同居了。

那段时间，咪咪比上大学忙多了，除了学校课程和导师安排的工作，还要赶回小屋为男神做晚餐，扮演着他喜欢的女友类型。男神说："女孩不用那么努力，你看我们有房有车，你就安安心心做我的小贤妻好了。"

这并不是咪咪喜欢的，她的家乡在湖南农村，家里还有一个弟弟，父母只是农民，能供她读书已经很不容易，她还担负着帮助父母支撑家庭的责任。她没有忘，所以有了男神后觉得自己能更快安定。

男神刚毕业薪水不多,常常不够自己应酬吃喝,而且男神很爱美,每天晚上都要敷面膜,咪咪却多年不化妆也不怎么护肤。男神说:"你别和那些庸脂俗粉一样,我就喜欢你素面朝天。"

再后来,研究生毕业了男神也不提结婚,跟咪咪春节回过一次老家的经历,还让男神在朋友面前取笑她的出身很久。我甚至也听过他说起咪咪家人取暖的方式落后不卫生,弄得我这个初次见面的人都很尴尬。咪咪不高兴,男神却说:"我就是开个玩笑,你那么当真干吗?没劲。"

咪咪问我:"我还结得了婚吗?"我摇了摇头:"很难,就算结了日子或许还不如现在。同居你也一直是靠自己,而且还要照顾他,再有了孩子呢?这不是你想过的生活。"

男人对女人连最起码的尊重都没有,这样的爱,要么是及时行乐,要么只是爱过。

那天也是午后的下午茶时光,咪咪顺利进入一家国企,连户口问题也一并解决了。她说:"我已经和多年前的那个男神分手了,我现在的男神具体是什么样子还不知道,但边走边看吧,总会再有的。"

有时候不是你做了什么,人就是这样,爱会消失。但过段时间,或是换一个人,爱就会重生。

雯雯倒是很年轻就嫁给自己的男神,然后在二线城市里相夫教子。和她大部分同学朋友一样,没几年就一边在朋友圈里晒幸福,一边说平平淡淡也是真了。只是老公几年前爱上了别的女人,她一直活在"闹离婚"和"要原谅"里,如今只要一有矛盾她就和老公冷战数月,孩子也慢慢变得不爱说话了。

老公变成了雯雯心里的外人,后来到了连她最爱的孩子也无法和她心意相通,她撑不住了。人还未到中年,对婚姻就完全没有了期待,甚至性生活也渐行渐远,男人却和别的女人如鱼得水。她为了孩子活着,对孩子却未必是好事,因为父亲对孩子的影响,远不如女人想的那么简单。

生活里有多少已婚女子,面对没有脸面的婚姻真相,心里充满了抱怨与不甘,把生活和工作都弄得一团糟。越是想要关注,就越是闹到冰冷,越是渴望爱,就越是过成了不能再爱。

既然不爱，或是不再爱，那就分手离开。可这时候，有些女人终身都走不出那一步，甚至没钱买一张回娘家的车票。娘家？有姑娘曾跟我说过："从出嫁的那一刻开始，我的娘家就没有了。"

凌风是雯雯的高中同学，三十大几了还是单身，曾经被雯雯们嘲笑过无数次的姑娘，已经是上海一所名校的副教授了。雯雯带患了抑郁症的女儿去上海看病，凌风约在半岛酒店请老同学喝下午茶。

那天凌风对自己还是单身，每次回家都被雯雯这些同学，甚至是同学父母取笑的事，做了唯一的一次回应。

她说："说我固执难以相处的男人和女人多了去了，也不差你一个，我好不容易熬到同龄人出轨的出轨，离婚的离婚，有小三的有小三，生二胎了还在闹离婚。我一定要坚持住，处不了就不处，我面色安详波澜不惊，内心的爱意汹涌只留给能让我动心的人。"

雯雯无言以对，凌风只是现在还没有结婚罢了，并不代表人家不会被爱，现在她有才华也有颜值。自己曾经被爱过又如何？现在没有了才华，也没有了颜值，甚至自己心里早就没有了爱意汹涌。

到头来，自己才是不懂爱的女子，而凌风因为一直珍藏着爱情，并且心怀美好的生活，心身还都是一副少女的模样。

谁的前半生不曾颠沛流离？走过千山万水，做过一蔬一饭，有了聚合离散，这是成长。后半生就成了一种不死的欲望，生活的举手投足间都自带光芒，这是爱。

女人最美的样子，不是相夫教子，不是素面朝天，不是乖巧省钱。而是你已经靠自己过上了更好的生活，却依然带着精致的妆容不忘初心，相信世间一切美好的人和事永远存在，你就是其中的一部分。

既然要人爱我，我先得好好爱自己。不是吗?

热爱生活的人有时候也需要负重前行

武汉机场的出租车候车区里,小姑娘依依在玩耍,妈妈少云是一位夜班的士司机,也是单亲妈妈。依依五个月的时候少云就独自带着女儿谋生了,那辆出租车就是依依流动的摇篮。

寒来暑往,母女俩一起度过了九百多个不眠之夜。凌晨三点多,大部分夜班司机都已经下班回家,少云总想再多拉一个客人,于是继续在街头转悠。依依已经在座位上睡着了,那里铺着一床小毛毯,就是女儿的床了。

少云说:"这样带着女儿出车有危险,但家里没有人帮忙照顾孩子,我又不放心把她独自留在家中,所以就这样带着,一路小心驾驶。"

母女俩住在出租屋里，天空泛白的时候，少云才抱着熟睡中的女儿走向家的方向。这样的生活，她们不知道要过多久，但这位妈妈一直都在努力工作赚钱，养活着自己和女儿。

每天安全驾驶，多拉一些客人，保证女儿健康长大读书上学，这就是少云目前想过的生活。她也不是没有过绝望，只是绝望过后，自己要活孩子要养，自己不能倒下，因为身后空无一人罢了。

丽雅最近几年都是在做两份工作，白天是公司白领，晚上再去超市值班。她父母是老来得子，如今已经70岁了。前两年一直是家庭主妇的母亲瘫痪在床，全靠父亲一人照顾，现在父亲的身体也差了，丽雅的工资便都用在了父母的医药费上。

现在丽雅要负担父母的生活费和保姆费，但在北京工作几年的积蓄因为当年救治母亲早就用完了，这三年她不得不找兼职多赚些钱。丽雅原来的男友因为她家庭负担太重离开了她，去年春节因为要请假回老家照顾住院的父母又失业了，四月过后才找到新工作。

那段时间丽雅什么都没有说，朋友圈也很沉寂。只是有天晚上我们一起吃饭时,她忽然放下筷子,哭着说:"我都累得不想活了。"

她30岁了,在北京上学工作快十年,没有房子、没有男友,也没有存款,甚至现在还没有了工作。但她不能回老家,因为在北京挣的薪水才够支撑一家人目前的开销和生活。

什么样的安慰都轻如鸿毛,我只是给丽雅夹菜,说:"先好好吃饱饭,明天才有力气再去面试。"丽雅就那样一边哭一边吃,嘴里塞满了食物,然后又狠狠咀嚼吞下。

我记得之前看过一则新闻图片,一个中年男人坐在路边,大口吃着手里的面包,一边哭,一边吃。

这个城市里还有很多人,活着就已经很吃力了,容不得矫情、作死。说食物能抚慰心灵,不如说我们只有吃饱了,才有力气抵御绝望。谁不是一边热爱生活,一边又不想活了?但最终还都在忙着好好活着。

一位外国帅哥,原本身材还算匀称,却在一次意外中伤到脚踝做了手术,不得不躺在床上吃了睡睡了吃,脚踝好了体重却飙升了40斤,成了皮松肉懒的胖子,更糟糕的是,他又因此被公司解雇了。

他觉得命运真的对他不公，让他从一个美男子变成了一个胖子，懊恼沮丧、穷困痛苦之后，他决定通过改变自己来改变命运。目前他该做的就是减肥，并且他还用镜头记录了自己用运动减肥的全过程。

对一个没有运动习惯，甚至从学校毕业后就再也没有运动过的人来说，通过运动减肥是极为残酷和难以坚持的事情。帅哥不断加大运动量，一周、两周、三周、四周后，照片上的他体重和身材完全没有变化，这让我这个看客都有些崩溃，更别说他本人了。

到了第十四周他的身形已经好看了一点儿，同时又到了一个平台期，预示着体重不会再下降很快。第二十三周他的自拍画风骤变，美男子渐渐回归，第五十周王者归来。他说："有目标就不要轻易放弃，坚持下去，让梦想离你更近。"

写这篇文章的时候，旁边桌上一位年轻女孩正在喋喋不休地跟女友抱怨，工作上同事不是好人，情感上遭遇渣男，自己又节食又锻炼，可就是不见瘦，等等。她的身材属于肥胖型，她一边抱怨一边流着汗，满脸的痘痘都在昭告着天下，自己有多不讨人喜欢。

好身材的因素很多，不是光靠节食和锻炼就能拥有的，甚至还包括我们活着的心境与善意。说自己死都减不了肥、一见到食物就忍不住、满身负能量的人,吃相难看,已经不仅仅是因为胖了。

我们中的很多人面对身材只剩下吃喝,面对情感只剩下将就,面对工作只剩下混迹,面对生活只剩下忙碌。即便我们还拥有最幸运的健康,更多的人也毫不知感恩,情绪长期在焦虑和抑郁中挣扎,身体也会跟着出毛病。而这一切都会反映在你的外在上,从而影响了运气,又阻挡了缘分。

我无法想象一个女人不读书、不工作、不赚钱、不努力、不运动、不减肥,在对美好说不的情况下,结婚生子,甚至还要生两个孩子。然后再抱怨入不敷出、男人劈腿出轨等。经济窘迫之下所有的爱都变得不成爱,所有的苦都是自己不愿去改变的结果。

我一再说减肥、说运动,不是要让你一定有多瘦,而是要你一定要多美,因为这种坚持美好健康下去的生活习惯,就是身为一个女人最高级别的自律。你能做到多好,你的人生就会有多精彩,好处远非得到一个男人的爱那么简单,而是会有得到生活奖赏的惊喜。

那些总是抱怨自己收入不多、别人爱你不够、世界对你刻薄、命运对你不公的人，你对工作、对情感、对自己、对生活就真做到负责、努力和坚持了吗？幸福离我们并不遥远，只是它一直在那些颜值高、身材好、内心强大豁达、一直坚持做好一件事、积极乐观的人身上。

我走进过生活最黑暗处，所以知道那个方向会有光，我靠近了时光深处，所以知道世间所有活得绮丽的女子都终将花开。

永无落魄：张爱玲到死都是百万富翁

张爱玲年轻时就是个爱美也讲究的女子，她在《童言无忌》中写道："生平第一次赚钱是在中学时代画了一张漫画投稿，报馆给了五块钱，我立刻去买了一支小号的丹琪口红。母亲怪我不把那张钞票留着做个纪念，可是我不像她那么富于情感。对于我，钱就是钱，可以买到各种我所要的东西。"

1950年的丹琪口红，造型像一款子弹头，颜色是大红色，非常张扬。

张爱玲年老的时候还穿蕾丝睡衣，戴着假发。即使牙齿都掉光了，她依旧只吃香港超市中的进口食品。这样的生活，没有钱是支撑不了的，没有心境也是打扮不下去的。

大家闺秀爱钱不是什么丢脸的事，反而显得接地气，张爱玲从不吝啬表达自己喜欢钱。她说："我只知道钱的好处，不知道钱的坏处。"

张爱玲的小说《色戒》中，王佳芝和易先生一起进餐，王佳芝喝过的玻璃杯口上，有一个特别明显的口红印。很多人看来没什么，因为大牌的口红也会掉色。不过易先生的一句话就暴露了王佳芝的稚嫩，他说："留心的话，没什么事情是小事。"

王佳芝不是出生在富贵人家，但张爱玲是，所以这些礼节，张爱玲会比王佳芝做得更得体。她笔下的女人们，很多都带着她的口红，她的倔强和她的气节。

张爱玲喜欢钱，也一直笔耕不断地赚钱，但她并不贪婪、吝啬。第一任丈夫胡兰成因为汉奸身份到处逃亡，又在温州和别的女人以夫妻名义同居。张爱玲找到温州，三个人在旅馆中见面，她看着那二人相处的场景，只觉得那个女人像是胡兰成的亲人，反而自己倒像是个客人，于是她恍然大悟，原来此情已断。

但此后将近一年的时间里,张爱玲还在用自己的稿费接济胡兰成,直到胡兰成脱离险境有了安稳的工作后才写来了诀别信。随信而附上的,还有30万元的分手费。

75岁的张爱玲在1995年9月于洛杉矶一所公寓内去世,几天后才被发现,原因是心血管疾病。此后一些报刊以"生活拮据""生活狼狈不堪""像狗一样工作"形容,其实都是对一个看似孤独终老的女子的以讹传讹罢了。

张爱玲的第二任丈夫赖雅1967年去世后,她就独自一人生活,离群索居,不喜见人,电话响了也不接,除非是事先写信约好的来电。她也很少写信,只是偶尔和密切的朋友、上海的姑姑和弟弟通信。

移居美国洛杉矶后,她的朋友庄信正当时在纽约,当张爱玲需要帮忙的时候,庄信正就让朋友林式同去帮忙照顾。她晚年曾经频繁搬家,每次找新的居住地时,林式同都给予了帮助。

林式同也处理了张爱玲的身后事,他后来写道:"门旁靠墙放着那一张窄窄的行军床,上面还铺着张爱玲去世时躺的那床蓝灰色的毯子,床前地上放着电视机、落地灯、日光灯。对门朝北的床前,堆着一摞纸盒,就是写字台,张爱玲平时坐在这堆纸盒前面的地毯上做她的书写工作。"

张爱玲在花旗银行、美国银行共有六个户头合计三万美金。张爱玲遗嘱受益人是朋友宋琪夫妇，他们在香港也帮张爱玲买过一些外币及其他存款，有32万多美金，这在1995年是一笔相当可观的数目，张爱玲是个百万富翁。如果以现在很多人的追求来看，她在美国或是香港都可以轻松买房，还不止一套。

只知道钱的好处的张爱玲从未落魄过，到死她都是个富有的老太太。远渡重洋、独自居住、频繁搬家、不见生人，等等，外人看上去颠沛流离的日子，不过是因为人家张小姐喜欢，钱又可以让她更自由随性地去选择这样的方式生活。漂泊，一直都是勇敢者的游戏。

张爱玲是精致的也是世俗的，但世俗到如此精致，除了她别无第二人。读她的作品会发现她对人生乐趣的理解很绝妙。张爱玲的才情在于她发现了这些，然后写下来告诉你，让你心生希望，但她不是在炫耀。

宋琪夫妇在张爱玲去世后不久也相继离世，二人虽也不富裕，但从没有动这笔遗产做自己花销。宋家后人在香港大学设立了张爱玲奖学金，用于资助本科女生，等等。张爱玲就是从香港大学肄业后走向文学之路的,谁知道若干年后,被资助者中会不会再涌现几个张爱玲?

身边曾经有不止一个女人说起:"女人就得趁年轻赶紧找个男人嫁了,不然像张爱玲那样,老了一个人死在家里都没人知道。"

那又怎样?张爱玲终其一生,横空出世以来,都旁若无人地活着,听天由命地走着,堪称民国奇女子。她笔下的孤傲灵魂,决绝的情感,清冷的处世,影响了一代又一代的读者。她自己赚钱买花戴,不买房不买车深居简出,去世后的巨额遗产还在资助读书的学子。

张爱玲留下的遗物还有三样:手稿、假发和口红。写作用来安抚内心,她去世前一年还出版了自传。假发用来抵抗岁月,她一直都很瘦很美。口红则是给暗下去的日子涂一抹颜色,到死都爱着口红的女子内心世界也注定如口红一样色彩斑斓。

民国时期的陆小曼,上一次街就要买六支口红,名媛唐瑛在20世纪30年代就开始用Dior口红。历史上的名太太到老了以后几乎都深居简出,但即使是这样,在个人仪表上她们还是一点儿都不含糊,粉要擦还是得擦,口红要涂还是得涂。

那个活到了112岁的复旦女神严幼韵，110岁时还穿着旗袍，佩戴翡翠首饰，涂着红色的口红和指甲油，甚至在生日舞会上，还坚持穿着高跟鞋跳舞。然而她热爱美丽，却不是为了媚人，而是为了悦己。

活成了女神的女子是不会允许自己过得落魄不堪的，即便身处乱世、辗转颠沛，也可以省着用一支口红，仔细浆洗熨烫旗袍，给高跟鞋的跟钉上皮掌，吃蜂窝煤炉烤出的吐司，在补丁上绣一朵花，千金散尽还复来，淡定读书工作到老。

女人的芳华，永无落魄。做人最要紧的是姿态好看，别浪费、别糟蹋、别放弃，换个方向前进，换个人再爱，眼前的世界就不一样了。

你得到的都是你自己的吗？

日本女星佐藤麻衣两年前嫁给身家30亿的台塑集团的王泉仁，最近她被曝出豪门生活早已悄然发生变化。现在佐藤麻衣每个月可以领到11万人民币的生活费，平时她除了带两岁多的儿子就是与友人聚会，已经有很长时间没见到自己的老公，这位丈夫、爸爸甚至半年的时间过家门而不入。

我以为这是个悲伤的故事，但没想到很多网友评论却直呼"这样的日子太爽""每个月给我11万，还要老公干吗？"好像很多女人都可以接受这样的守寡式婚姻和守寡式妈妈的生活。

看起来有不少女人宁愿手里有钱，也不愿身旁有人，认为这样的生活更安心。钱和男人之间，如果你选择的是钱，这无可厚非或许还很励志，但你选择的是男人的钱，结果或许大相径庭。

这或许就是生活中还有不少女人像是一把"干柴"，遇到点所谓爱情的火花，就把自己烧成了灰烬的原因。谁也不能否认，钱弥补不了情感的空闲和身体的寂寞，没钱也渴望得到温柔爱抚。

小L离婚又结婚，如今年过四十，没有孩子，养了一条狗，老公在另一个城市工作，但城际列车已经把距离缩短为周末就可以回家陪老婆，而且每年可以带回100万。但小L还是有些寂寞，她觉得爱情就得是朝朝暮暮相守，和钱没关系。

小L爱上了公司新来的男上司，比她年轻，长得不错，职场精英，据说在原来的公司除了业绩好就是女友多。但小L决定搏一搏，在经过几个月办公室里朝朝暮暮的工作之后，小L向上司表白了。

结果人家根本无心听下去，淡淡回应："我有女朋友。"小L准备好的全套台词都被男人的傲慢打乱，最后只剩下了撕心裂肺："我就是爱你，你之前有多少女友我都不在乎，你只要和我在一起，所有的女人都能在我这里终结！"

我听说这个故事的时候，笑得一口水喷了出来。或许是她老公每年的100万年薪造就了她的自信吧，因为她自己那不到八万的年薪买花戴都有点勉强。

身边还有一个女人，老公长年出差，但一年可以带回家200万，她也耐不住寂寞出了轨，而且还是和一个有家的男人。她倒是义无反顾地离了婚，打算投奔那个男人的时候，他却逃了。

手中有钱，你手中拿的是谁的钱？拿自己的钱，我们需要很多时间去努力、去学习、去修炼，如果终得佳偶会心意圆满无暇空虚，即便孤独终老也是自己的自由。

课外班门口一个歇斯底里的妈妈正在大声呵斥孩子，而那个熊孩子扑上去拽住她的头发不撒手，就是为了抢回手机继续玩游戏。

学校放暑假课外班的学费至少两万以上，如果再报个国外游学的夏令营，那就再加三万以上，能在这里经常出现的妈妈不论是自己赚钱，还是用老公的钱，都至少得是个中产阶级。

但这个妈妈和十岁的儿子在教室门口的地上打成一团。妈妈的头发被扯落在地上一缕，旁人去拉架。她崩溃地哭喊："你爸爸从你出生就没怎么管过你,我一个人带大你容易吗?你就这样报答我?!"

这样的妈妈能带出什么样的好孩子?自己都活在攀比、矫情、缺爱和焦虑的世界里。如此的孩子即便到了罗马,游学了世界又如何?没有教养就没有收纳世界的格局。

你算不上全职太太，只是个居家保姆

1

小慧专科毕业后就没正经工作过，但她吃穿用在同学中都算是最好的。她不是有钱人家的孩子，老爸在邮局送件，老妈被工厂买断工龄后就在家买菜做饭。小慧中学时成绩差，爹妈倾尽财力才勉强供她读了个自费的学院。

好不容易毕业了，小慧的工作却一直没着落。不是找不到，而是找到了小慧却总是嫌远、嫌忙、嫌钱少，有时候只上一天班就不去了。她每天要么蜗居在爹妈住了30年的30平方米老屋中打游戏，要么就是伸手要钱和同学朋友聚会吃喝，这样的日子又过了两年，小慧爹妈开始张罗着让她嫁人了。

家里早就为了养小慧掏空了家底，小慧老妈一心想要女儿嫁个有钱人，自己也能跟着享福。整整一年的时间小慧都在相亲，当然更没有时间工作了。终于在23岁时嫁了个工厂老板的儿子，据说很有钱，但小慧的老公也从没有工作过。

两个人很快结婚，小慧父母用男方的彩礼钱换了一套新房子，小慧成了"全职太太"，过上让女友羡慕的生活。但结婚没多久，小慧就发现，老公家的工厂生意不景气，还欠着银行贷款，这两年不过是在勉强支撑，老公想拿点现金出来做家用，都得先过管财务的婆婆这一关。

小慧生第一胎的时候，婆婆说反正她也不工作，自己带孩子就可以，结果坐月子都没请过人，最多就是小慧老妈偶尔过来帮忙。孩子必须自己带，小慧手忙脚乱，而那个从没工作过的男人，最欠缺的就是责任心，情愿泡在网吧躲清闲，也不愿意面对哭闹的孩子和抱怨的老婆。

又过了几年，小慧老公家的工厂倒闭了，小慧老公也不得不去找工作赚钱养家，而小慧已经彻底没有了面对生活的勇气。她怀了第二胎，看在或许是个男孩的份上，婆家偶尔还会给点生活费，但家务和带老大，是没有人会帮忙的，老公如今的月薪也就几千块，居家保姆的工资在小慧的城市也得三千元。

老公说:"请什么保姆?你又不上班,女人做家务带孩子算什么事啊。"这个男人每个月给小慧一千元家用,就解决了三千元的压力,于是他得以继续混着日子,还可以有点闲钱就乱花。

即便偶尔精心打扮后去和昔日的同学朋友聚会,小慧已经不再说自己"全职太太"的美好生活,而是除了抱怨就是诉苦,各种不如意都挂在了脸上。

一个从来没工作过的女孩,最欠缺的就是面对挫折的抗压力。所以每每遇到事,表现出的就是焦虑、烦躁、吵闹、哭泣,然后呢?就是等待,继续等待根本不会有希望的依靠和改变。

2

艾琳的大女儿已经上小学,周边好几个朋友都在生二胎,她也动了心。但怀孕生产还要照顾老大,艾琳觉得自己再去上班就忙不过来了,就自作主张辞了职。

原本觉得自己有房有车,老公收入也可以支撑家用,但天有不测风云,孩子快生了老公却突然失业。而这位四十多岁的男人再找工作遭遇打击，变得一蹶不振，有半年的时间都窝在家里不愿出门。

　　房贷、车贷和养育孩子的费用一直高昂，两口子都失业是大城市中产的"末日危机"，何况现在还有个襁褓中的老二。她连请月嫂的勇气都没有了，双方父母都在外地，而且都已年迈带不了小婴儿，艾琳只能自己忙活。

　　号称强悍的她忽然就老了很多，老公后来虽然有了新工作，收入却大不如前。艾琳说很想去上班赚钱，但小儿子还没到上幼儿园的年龄。可上了幼儿园就不需要人带了吗？她继续唠叨："现在很多幼儿园不靠谱，孩子太小受欺负不会说，保姆更是不让人放心……"

　　其实不是生个孩子就必然会使女人的生活陷入混沌拮据的状态，身边有两个孩子依然在工作，并且孩子健康快乐，家庭幸福的女子有的是。这不是钱的问题，还和个人素质、性情、情趣以及家庭成员的付出有很大关系。

　　艾琳家里到处堆满了孩子的玩具和大人的衣物，几乎插不进脚。老公因为事业不顺心，回家不是发脾气就是躲进书房什么都不干，艾琳蓬头垢面地忙着两个孩子和家务，连一个居家保姆的样子都不如。我们公寓楼里的几个保姆，冬天也常常在晚上七点后，聚在楼下温暖的大堂里跳舞。

尽管上班族朝九晚五，挤地铁坐公交忍上下班路上的辛苦，还要应付工作上的种种，周六周日或许也得加班。但比起很多不上班的全职主妇来说，职业女性依旧会因为有形象、有动力、有价值、有尊重，在外在和内在上都胜出许多。

身边很多不上班在家带孩子的女子都称不上"全职太太"，只能算个"居家保姆"，首先是因为家庭收入并不足够女性退居幕后相夫教子，更何谈享受生活。其次是很多家庭主妇自身文化素养不高，很难在没有约束的环境里达到自律，时日久了很可能精神垮了、颜值走样、情绪易怒。

在忙碌的工作中老去和在糟糕的家庭中老去，是两种人生结局。一个是赚钱到老，搞不好还能大器晚成呢，一个是唠叨到老，很可能成为穷困潦倒的孤家寡人。

3

我们无法选择自己的出身、样貌、智力等，但后天的努力依旧可以弥补缺憾。最应该弥补的就是眼界，眼界的大小注定了我们人生的格局有多大，前途有多远，甚至幸不幸福。

当年，卡米拉和英国查尔斯王子在温莎市政厅举行婚礼后，卡米拉被称为康沃尔公爵夫人殿下。之后又宣布，当查尔斯王子继承王位后，卡米拉被称为伴妃殿下或者夫人殿下，而不是"卡米拉王后"。

卡米拉嫁了王储，却没被认可为"王后"，并不是因为她离过婚，或曾经是"第三者"。而是她从学校毕业后，没有从事过任何工作，每年只是从家族遗产中得到50万英镑，过着衣食无忧的生活。

她没有工作，只是个依靠家庭供养的富二代，这是其与查尔斯王子相恋时，被伊丽莎白王太后、英国女王以及王室贵族成员强烈反对的主要原因。虽然拥有了王储查尔斯夫人的名号，但她并不具备杰出的天然素质以及贵族气质，能够成为未来的王后。

你知道现在有些父母是怎么教育90后子女吗？据说是"不要找一个从没有工作过的人谈恋爱"。

如果你的父母没钱，但你工作努力有成就，那你的家庭也不失教养与体面。如果你的父母有钱，你还是努力工作追求个人梦想，那你的家庭具备杰出的天然素质和贵族气质。

先读好书再上好学,先做好人再做好工作,先靠自己看遍世间繁华再找个人分享成功喜悦,先过好自己再谈生孩子,或者干脆一个人优雅老去。这是选择,亦是自由。

自己会发光的人是什么样子的

1.

闺密是个80后,十年前因为北京男友求婚从南方来北京定居。如今两个人结婚八年,孩子两岁,夫妻俩的恩爱闺密从未晒在朋友圈和炫耀在嘴边,只是被身边人感受在心里。

我很少羡慕别人,自己的人生选择也起起落落,活着就是一场折腾。可闺密的生活却是另外一副模样,那是真正的平静执手,温暖陪伴,活着也可以不折腾。我羡慕闺密。

闺密小巧玲珑,多年前见到她的时候,邻家女孩般可人,多年后做了妈妈的她,身材不变、容颜未改。她一直都在工作,工作换过，职位高了，一定是越来越忙的，可从来没听她说过，也没见她焦虑过。压力怎么可能没有？每一个身处大城市的外乡人，都会遇到更多的困难，但闺密连说话的声音都没有改变过，一直温声细语。

她甚至还是个路痴，这一点，来自她家先生的守护。她的先生比她大十岁，北京人，谈恋爱之前就靠自己贷款买了房子。像很多北京男人一样，对人热情，嘴有点贫，有情趣，喜欢摄影。在外面看上去一副大男子主义的模样，但关起门来什么都听自己媳妇的。

这个男人一定深爱着妻子，他牵着她的手走在自己城市的大街小巷，给予最深情的保护。闺密也一定深爱着这个男人，她被他牵着手就根本不需要带脑子出门记路，只管陪着他走进幸福深处。

他们俩每年去一个没去过的地方旅行，闺密会提前准备出行的漂亮衣裳，这是当下的幸福，先生会拍许多美丽的风景，这是将来的回忆。他们结婚多年后才要孩子，因为先生说："你到北京后需要时间去爱上这个城市，我们也需要再长大一点，才适合做别人的爸爸和妈妈。"

夫妻俩都是靠自己薪水生活和立足的人，同样面对高房价、高物价、养孩子等诸多问题，却不慌张、不焦虑，也不攀比，努力做好自己能做的，认真经营已经拥有的。结果呢？该有的也都慢慢有了，而且还比很多人得到了更多。

闺密怀孕的时候也算是高龄产妇，照常工作生活，生宝宝前两天还跟我们喝茶、吃饭、逛街。自己带孩子，母乳喂养，但满月后体重就恢复到了怀孕前的标准，断奶后又减到了少女时的体重。

我每次见到她，都觉得她在发光，这样的女子也不可能不被男人奉若珍宝。美女之所以都是狠角色，是因为人家还一直比我们更努力，更懂得顺其自然是在拼尽全力之后。

2.
安然是个单身女孩，工作后自己在公司附近租房居住，和一个外地女孩合租一套50平方米的两居室，怎么也比不上爸妈家的大房子吧。可她说："周末回家看父母，享受家庭生活，平时自己住，过女孩独立的日子，两不耽误。"

她不是那种五官漂亮的女孩，但是很会打扮自己的姑娘，衣着永远时尚，每天换衣每天洗衣，出门必会化精致的妆容。自己住的小屋被收拾得干净整洁，虽然是租来的房子，卧室里的家具都是自己买的，一张单人床上面围着白纱床幔，那是她爸爸亲自设计安装的。他说:"公主要睡有床幔的床。"

大衣柜占据大部分空间,打开来各种物品摆放有序,里面还藏着一个能拉出来的梳妆台,姑娘家爱美的小心机扑面而来,看上去就让人心动。写字台靠着的飘窗上摆满了植物,大部分都是会开花的品种,养护起来并不容易。安然说:"我出差时就拜托爸妈过来打理、浇水,拖着行李一进门就能看到花朵繁茂,房间里有春天心情才好美啊。"

安然的家在西山的独栋别墅里,父母就她一个孩子,退休后的他们是社区义工,每天还是忙忙碌碌,为信仰奉献自己,是他们的幸福与安然。家里的阳光房像是个热带雨林,花鸟鱼虫样样都有,显得生机勃勃,这样的父母当然会有这样的女儿。

3.
X先生在大公司做销售,现在很多人一提到销售都心生反感,因为其中有些人喜欢夸大其词,说好听点是格局,其实就是谎话张口就来,忽悠和没谱甚至成了有些行业销售的代名词。X先生是个例外。

30岁的X先生为人子、为人夫,也为人父,下班就回家,即便有免不了的应酬，也会尽量早回家。X先生业余时间除了陪伴家人，就是运动健身，其实他是个靠颜值就能吃饭的男人，但人家多年来对家庭任劳任怨，对工作务实努力，年纪不大就已经是大公司中层了。

他的原生家庭不尽如人意，甚至一度对他的成长造成过困扰，即便是现在父母家依旧是非不断，但X先生每周回家尽责，尽心出力没有丝毫怨言。我见过很多不幸福家庭的孩子，长大后往往表现得过于自卑或是自负，有的人甚至一生也跨越不了童年的伤痛。X先生还是个例外。

也正因为家庭的保护缺失，X先生从小练武，直到体育大学散打专业毕业，这在大城市孩子中很少见，因为吃不了那个苦。但X先生说："小时候家庭条件不好，免不了会因此被看不起和受欺负，我只能靠自己解决这个问题，所以爱上了武术。等到打遍了院里和学校里所有跟我叫板的孩子后，我又发现武术能带给我的好处其实更多，所以就坚持了下去。"

长期的集体生活，还有艰苦的训练，让X先生变得自律且强大，而比赛中获得的各种荣誉，又让他变得自信且快乐。即便没有幸福的原生家庭，我们也可以通过自身的努力，跨越不幸和阴霾得以成长，为自己赢得更宽广的未来。X先生做到了，你呢？

就是这样一个内在无比强大的男人，外在看上去却温文尔雅，每天穿着衬衣背着商务双肩包进出公司，对身边人没有一句粗口，公共场合难得计较，对家人更是极尽温柔。这样的颜值、身材和性格不可能不招姑娘喜欢，即便他是个已婚男人，公司还有女同事奋起直追，但X先生零绯闻。他说："我就觉得媳妇是女人，其他的都是麻烦。"

我每次见到X先生都觉得他在发光，除了那一双因为长年击打沙袋而变得粗壮的手，你根本想象不出X先生如果去打架，会是怎样的威猛。但X先生处世、成家、工作、生活，靠的也不是这个。

自己会发光的人，靠的都是自己的信仰、自己的努力、自己的责任和自己的坚持。也正因为如此，那种光才能感动了别人的眼睛，又传递了能量，让这个世界有了无数种美好的可能。

唯有强大才能治愈你的不安

春丽如今是三十好几的年纪,已经结婚多年,孩子也上小学了。夫妻俩上班的公司离得不远,先生只要有空就会过来陪她吃午饭,然后手拉着手在写字楼附近散散步。

午休时间不过一个半小时,然而两人这样的牵手时光却一直持续着。春丽并不是貌若天仙的女子,她个头不高身材还有些发福。有人猜想,春丽夫妇这样的恩爱或许并不会长久。

最近,果然不再看到夫妻俩一起吃饭一起散步了,却不是因为情变。同事们发现春丽瘦了许多,人也立刻变得漂亮起来。

原来，春丽每天午休时间都去公司楼下的健身房跑步，除了洗澡换衣服，刚好可以跑一小时。她说："现在我和老公的工作都算稳定，孩子也大了点，我总是要腾出时间关注一下自己，就先从减肥开始。"

虽然减肥兼备整容的奇效，却还是被无数位嘴上说要美、心里连改变和坚持都无力的女人一日日蹉跎。跑步机上的每天一小时，除了疲惫还有枯燥，上半段靠体力，下半段靠毅力。坚持下来已属不易，真是到了瘦下来的份儿，那这样的女人个个都是自己的真英雄。

太多的女人跟我抱怨过，有工作的说自己又要忙事业又要忙家庭，没工作的说自己对家庭付出巨大男人还是这不好那不好，她们忙里忙外总之都没空关注自己的脸和身材。但是又对那些脸和身材都比自己好、男人也比自家强的女人说三道四，好像结婚后漂亮的都不贤惠，有钱的都来路不正。

但她们唯独不愿意承认，自己就是不如人家善于规划时间，工作生活两不误，自己这样的女人就只配身边那个男人。

我当然理解身为女人的辛苦，人性不只有黑色和白色，中间的灰色地带也并不单纯，因为它是深深浅浅的渐变色！女人挣钱不易，工作、婚姻、家庭和孩子都需要她耗费精力，即便有个更强壮的男人共同支撑，女人还是需要付出，偶尔也会付出超出体力和智能的超能力。

而这种所谓的"超能力"无非就是个"爱"字，你活在世上不是为了计较得失、委屈自己的，而是为了去爱与被爱。

以前有段时间里，有关杨振宁和夫人翁帆之间的一份遗嘱传得到处都是，连朋友圈都被刷屏。内容是杨振宁把自己的钱都给了与原配生的子女，现任翁帆只得到目前一栋别墅的居住权，因为产权归学校所有。

于是这几日无数篇"载歌载舞"的文章新鲜出炉，内容大多是名为翁帆不平可惜，实则幸灾乐祸，好像大家都看到了十年前，杨振宁娶比自己小很多的翁帆时他们所盼望的结果。即便翁帆不是像自己预期的那样因为出轨而离婚，但看到她当日为了名利嫁给老头的下场仍然是一无所有，这也依然值得欢呼雀跃。

结果呢？杨振宁家人出来辟谣，说这是一份外人杜撰的假遗嘱，根本就是无稽之谈。

很多人总是用自己最大的恶意去揣度别人，自己得不到爱情，看到爱情就恨不得人家都是被骗被逼，自己没本事挣钱不得不将就婚姻这个饭碗，看到幸福婚姻就恨不得人家不得善终。

每个女人都对爱情和婚姻充满了期待，然而经过了岁月的洗礼之后，单纯地想去做个平凡的成年女子，拥有平淡的中年生活已经变得越来越不可能了。

缺乏安全感，是女人最普遍的常见病。但这个问题从自身解决才是根本，没有独立的能力就没有尊严，在这个处境下谈平等都是屁话，你对自己都没有能力负责，谈爱情都是胡扯。

努力工作挣钱，是女人的尊严也是责任。也许你并不缺钱，也许有男人还在养着你，但一份工作带给女人的不只是钱，而是独立的人格与尊严，该有的社会价值与地位。不然，为人都很勉强，为妻为母更是不行。

只有一种女人，即便青春不再、年华老去，也不会惧怕孤单和婚姻离散。这样的女子就是在每一个当下都能活出尊严与价值的女子。"精彩"是文字作者的用词，生活中这是"努力"的另外一个名字。

你不想让个人的情感和生活被金钱左右决定,那你唯有努力让自己变得有安全感,别人不能给你安全感,但安全感可以自己给自己。

辑三
做一个刚刚好的女子

理想：最好的自己是什么样子？

素颜，只是听上去好美

蒙奇奇一向以女汉子自居，办公室里的另外两个妹子经常被她讥讽为"心机婊"和"绿茶婊"。这一切的原因都无非是人家喜欢打扮自己，而蒙奇奇则崇尚素面朝天。

素颜，只是听上去很美。我们身边的素颜分为三类：一是看似无妆其实是精心修饰过的高境界。二是肌肤水嫩先天底子好，没有妆容也显得气色好。三就是大部分，以为自己不化妆也很美，其实看上去一点儿都不美。

当你头发上都是油，脸上都是痘、都是斑，或者都是肉的时候，就不能称其为"素颜"。

前不久公司开全国年会，女同事大多打扮得花枝招展，在几个公认的美男面前晃来晃去，其中就有蒙奇奇暗恋的那位。结果就在这次年会上，人家和北京公司的一位姑娘对上了眼。

蒙奇奇很是伤心，晚上喝了很多酒，跟男同事抱怨："她就是个会化妆的心机婊，卸了妆就没法看了，你们男人怎就那么容易被骗？不会欣赏自然美。"

男同事回答："我们说的其实不是五官漂不漂亮，你们女孩子只要肯花点儿时间打扮打扮，就都挺漂亮的。"

可偏偏就有蒙奇奇这样的姑娘，不会化妆还以此为美，甚至还看不上那些会化妆的姑娘，说人家有心机。我就有些不懂了，到底谁有心机？你不化妆，就很难比人家化了妆的好看，这是个事实啊。

很多男生也听不懂这个逻辑，就像玩游戏的时候，你不充钱，非想打过人家充了钱的，这不是疯了吗？

身为女人，如果没有了每天洗头和装饰的欲望，那多半就是条咸鱼了。男人中还有很多每天都洗澡、换内裤袜子和刮胡子的人，保持身体干净和修饰自己的外在，也是一种很有修养的礼貌，长期坚持下去的男女都是优秀的。

每天都在说"和别人无关"的话，可只要你还要在社会上生存，你就不可能不接触别人，何况在这个看脸的社会中，一味强调自己的内在也是一种浅薄。

我还发现一个现象，很多不花时间修饰自己的姑娘，往往都有大把时间浪费在看手机和空想上。她们事业追求谈不上，日常工作也成绩平平，既称不上漂亮更说不上优秀，素颜上写着大大的"缺爱"两个字。

那些愿意花时间修饰自己的女子，工作、收入普遍不错，人家虽然工作真的很忙碌，但也不会因此丧失关注自己的身材健康和生活质量的时间。工作和美丽兼顾，才会有谈情说爱的情趣和底气。

悠悠管理着自己一手创办的企业，属于中国女性精英阶层。同时也有幸福、稳定的家庭，是两个孩子的妈妈，除了工作应酬，还要挤出时间接送一对儿女，关注儿女的成长。人家是真的很忙很忙，却从未放松装扮自己。

我有几个月没见到她了，上个周末去别的城市与几位女友小聚,我们坐在一起吃饭,37岁的悠悠拥有瓷白水润的肌肤,脸部光洁清透,妆容恰到好处,精心修饰过的睫毛和眼线,让她的眼睛显得大而清澈。一侧长发自然垂在耳后,她的耳垂大而圆润,上边戴着一副珍珠耳饰。这个年纪的女子,在如此近距离中,依旧漂亮精致,足以看出她花了很多时间和心思去爱自己。

几位女友看年龄都不再年轻,看面相和装饰,却都有少女的心和温柔的模样。每个人都精心修饰过自己,妆容亮丽,衣着讲究,第一眼看上去就是很漂亮,各具特点的美,即便在百媚千红的万花丛中也能脱颖而出。

我们中的安然不用彩妆,但在她的素面朝天里,却带着信仰的坚定与美好。每每见面,她都喜欢穿宽大长长的衣衫,白裙飘飘下,一笑一颦都透着干净精致的香。

脸上不化妆也可以啊,但你给自己的心美颜了吗?很多年里,安然把自己的心修成了一朵白莲花,脸上没有美妆也有美颜,透出一种带着力量的美好。原来这个世界上也是有天使的,在力所能及的时候温暖着、鼓励着周围的人。

给心灵美颜是一种高段位的修炼,而给外在修饰是一种所有人都容易上手的修炼,如果你肯坚持着让外在的自己每天都漂亮,那么就会有更多时间和机会修行内心的平静与丰盈。

真诚、善良、坦然、纯真,这些美好的品质会因为"相由心生",慢慢长在你的脸上。养出了干净的少女般的容颜,最终又修出了菩萨相,才能获得更大的福报。

你的脸,显示着你的性格与福报,也显示着你的遗憾与将来。现在不愿意从外在装饰自己的女子,以后也未必会有给心灵美颜的机缘,但这并不是不能改变的,在这个世界上,稍微拐个弯就会有不同的活法,只是大多数人改变不了习惯。

就算今生无法飞翔,我们也要装扮成天使的模样,永远行进在追逐梦想的路上。

在看颜值的世界里,如果你做了不爱美的人

李苏的丈夫一年多之前就和他的下属有暧昧关系,连我这个圈子之外的朋友的朋友都知道。那个男人工作时带着90后小三进进出出,生活里也是如此,连和朋友吃饭聚会,小三都不忘记和这个有家有孩子的男人秀恩爱。

据说,有一天男人已经回家了,结果被小三气势汹汹找到楼下,她打电话说:"你现在要是不下来,我就上去。"男人只好乖乖听命。他经常在李苏面前撒很多不能回家的谎,其实是为了住在小三家。

圈里圈外都知道李苏丈夫的风流韵事,小三也逼着他离婚,要

登堂入室，李苏怎么可能不知道呢？何况她还是个律师。每一个嚣张的小三身后，都有一个更渣的出轨男，李苏的孩子不过三岁多，婚姻就支离破碎了。

去年夏天男人就跟朋友说过，自己也动了离婚的念头，他对婚外更年轻的女人动了真情，和老婆之间无非房子、孩子都得放弃，这让他有了些许不舍。

李苏结婚前也算是个"律政俏佳人"，结婚后就变成了"职场大妈"，办公室跳不了广场舞但同样可以混日子。什么没型没款的衣服都能穿，只要舒服省事就好，什么样的素颜都敢说美，什么事能推就推能不担责任就不担责任，上班想的全是孩子，下班想的也全是孩子。

李苏的朋友圈全是孩子、孩子和孩子，偶尔出镜也是臃肿的身材和憔悴的脸。这当然不是男人出轨的理由，女人承担生育的重任，但生育不代表就得变胖变老。

女人老去的标志不是年龄，而是不再爱美，也不再努力，从里到外都弥漫出一种怨气和厌弃。

她最近一年多的朋友圈再也不提丈夫半字,枕边人的变化,第一个知晓的也会是枕边人。李苏不想离婚,但痛苦显而易见,只是她越发放弃了自己,甚至好长时间都没有仔细照照镜子。

李苏没有心思关注自己,孩子需要更多关爱,男人经常不回家,自己除了上班就是忙孩子了。偶尔婆婆会来帮忙,骂自己的儿子,但这根本不可能管用。看着是小三在纠缠不休,说到底还是那个出轨的男人不想了断。

李苏的婚姻就在这样的混乱里拖拖拉拉,直到前几日小三过生日,在朋友圈发了N张和她老公搂搂抱抱的照片,才算是撕掉了最后一张遮羞布。

李苏丈夫的几个朋友和同事,也在那个凌晨收到她转发的照片和电话,问他们知不知道情况?原来有人把这些照片发给了她,可她现在连丈夫在哪里都不知道。那些嘴上说了不管的女人,说不离婚也要好好爱自己的女人,在这样的时刻终究还是扛不过耻辱的。

北京的那个大雨夜,有小三的狂欢,有正室的凄凉。可一个渣男所谓的爱情和承诺,有什么好争抢的?

新闻里报道过的一件事更让人觉得不舒服：正室通过微信用三个月时间劝退小三，被闺密们奉为守护家庭宝典。

套路如下：正室先是和小三对骂撒气，然后拒绝地摊货去买了几件好衣服打扮自己，再就是动之以情晓之以理，给小三做思想工作。

如果只是这样做就可以挽救婚姻守好老公，那么一个小三是走了，但下一个小四就会来得更猛烈。文中的正室也说："小三是走了，但这件事对婚姻的重创难以平复。"

每一段出轨的情感和婚姻都有其原因，出轨方肯定要负主要责任，其次才是家里正室不作为或是过分作为，还有小三们的巧取豪夺。如果渣男只是这一次收敛了，下次还会犯，那正室的战斗眼前看着是胜利了，但心里面的阴影却难以消散。

李苏的收入不比丈夫少，而且也有房产，她不离婚的理由说起来是孩子，做起来其实都是因为自己。在这个城市举目无亲的她戒不掉有了男人的习惯，即便他不再回家，不离婚和离婚还是有很大区别的。

即便丈夫已经成了别人床上的男人，李苏这一类的女人还是觉得他最不济也能看在孩子的分上回来的。

两个毫无血缘关系的人形成的婚姻关系，一定是靠爱情来维系的，这是最稳定的不离不弃。如果有经济上的相互扶持，这样的婚姻关系也会比仅仅靠着孩子来得牢固。

最最不靠谱的婚姻关系就是所谓的亲情、所谓的苦口婆心、所谓的亲子关系。对出轨嚣张、屡教不改的渣男来说，就不可能形成什么亲情和责任，因为他根本没有心。这都是女人的一厢情愿，为男人找的借口。

女人如果没有经济独立和精神独立，情感和婚姻或许对你来说就会有毒，你爱不成又戒不掉的时候，什么社会角色你都做不好。老去的或许不是年龄，而是在别人眼里毫无价值的自己。

李苏在深夜去骚扰别人寻找自己的老公的时候，不知道有没有想过事情走到这种地步，原本无辜的她已经不再那么无辜。她在别人眼里也成了一个难看的怨妇，半夜里对不是丈夫的其他人哭诉有多不堪。

如果说，这是李苏最初的爱情，我也不相信。李苏的爱情已经变成了她的一个坏习惯，她戒不掉，只能中毒至深。

如果我们到了一定的年龄还不能抛弃不爱自己的人、没意义的社交活动、虚情假意的亲戚朋友，那么就必会未老先衰，连爱美的勇气也消失殆尽。对女人来说，这才是可怕的。

还是很难是吗？没关系，我只是想说，至少你现在应该明白真相。当你不再爱美的时候，不想努力的时候，就去照照镜子、看看银行卡余额、想想新的活法。

你的吃相，就是你的性格和做人姿态

女孩和男友恋爱同居两年了，平时男友工作很忙，经常加班。因为周五忙了通宵，周六他睡了一整天，女孩也看了一整天的电视剧。晚饭的时候，男友起床去了厨房，用冰箱里头天买回来的菜做了一个麻辣香锅。

女孩说："也就是一点儿花菇、藕片、豆腐、魔芋丝，还有一些大虾，倒是鲜香热辣。他睡了一天没吃饭，我白天也没好好吃东西，都饿了，加上麻辣口味很下饭，所以吃起来就有点儿狼吞虎咽。"

当女孩拿着筷子又向一只虾发起进攻时，男友突然说："你不能把虾留给我吗？"

女孩当下呆住:"不是还剩两只吗?"

男友说:"我怕我再不说,连这两只都剩不下了。"

女孩问:"你什么意思啊,你嫌我吃得多?谁也没拦着你吃啊。"

男友回答:"谁能抢得过你,你一上来就光挑虾吃,一个菜里十只虾,你已经吃了八只。每次都是这样,一有好吃的就不管不顾,你是不是应该考虑考虑我啊。"

女孩火了:"你就是说我自私,对不对?"

男友说:"也不是,我就是想跟你说说这个问题,你别的地方也没什么缺点,就是吃相太难看,从来不考虑我,只管自己吃到撑,走不动路。"

女孩扔掉了手里的筷子,两个人的晚餐也不欢而散。事后女孩把这件事发到了空间里,问大家是不是应该和如此计较小气的男友分手。评论区大部分都在附和着女孩自以为的那样,同居一段时间了,男友居然还如此算计,连盘里有多少只虾都要数清楚。

只有一个声音与众不同:"你的吃相就是你的终极性格和生活状态,姑娘,现在不是你要不要分手的问题,而是你男友想和你分手了。不是因为虾,而是因为你的吃相让他爱不起来,现在已经不想再忍了。"

结婚,不就是两个人从此要在一起吃一辈子饭吗?吃相都让对方看不下去的时候,就再也爱不起来了。能打败爱情的,从来都是细节与习惯。

X先生的前女友是个被父母宠溺的姑娘,出于工作原因她周末只休息一天。这一天她必定一整天都待在床上,父母会把三餐都送到床头柜上,等她在床上吃完再来房间收拾碗筷。

X先生有时候上晚班,冬夜里女友会让他带热乎乎的烤串回家加餐。X先生说:"我上晚班没吃晚饭,常常更饿,她其实是吃过晚饭的。当每次我把烤串拿回去,她都是两眼放着绿光大口开吃,甚至都不能等我脱了外套洗洗手,再一起吃。"

在女友家里从来没有一家人一起吃饭的习惯,谁要吃就吃,在哪里吃自定。即便她和X先生谈了恋爱,也是自己想吃就吃,从来不管男友吃没吃和吃了多少,用她的话说:"你都多大人了,吃饭还要我管啊。"

她还喜欢从男友碗里抢食物，X先生说："我最讨厌她这个习惯，之前因为爱她忍了，即便偶尔说了她也不以为意，等到我烦透了爱也没了的时候，想想还要这样过一辈子还是算了吧。说起来她没什么特别不好，但就是过不下去。"

童年时父母很重视纠正我们吃饭的礼仪，妈妈说："小孩子贪吃不算缺点，但咀嚼食物不能张着嘴巴，不能发出声音，喝汤和吃面条也都不能有声音。"除此之外，吃面除了用筷子，还有一个勺子用来喝汤，并且可以配合筷子把面条卷成团放进嘴巴。以至于我一直就不喜欢吃面条，就是因为小时候觉得吃面条难度太大，不如吃米饭。

小时候认为父母就是让我们吃相好看，这是家庭教养最重要的组成部分，长大后才明白，这也是妈妈在教女孩将来做女人的基本守则："不要看别人碗里的食物，不要以为别人的东西更香，不要因为男孩手上拿着冰激凌就送上一个吻。用自己赚钱买到的东西才心安理得，自己做饭才会了解食物来之不易要懂得珍惜，味道甜美里都有别人的付出。"

吃相，就是你的性格和对待人生的态度。一个吃相难看的女孩，对待人生的态度也不会多好看，性格里的自私和贪婪，远不是像她自己说的那般简单。

她们除了不愿意付出和努力，往往习惯性忌妒那些比自己过得好的人，不会为别人感到高兴，只有强烈的愤怒，和那张吃相难看的嘴一样，心里也会长出咬人的牙齿。太遥远的够不到，就会转向家人、爱人、闺密、朋友和同学，啃老，耍手段，能要就要，能抢就抢，能占多少便宜就占多少便宜，还永不满足。

如果我们不幸遭遇到这种吃相难看的女人，并且要和她们抢东西，也要提醒自己不要成为这样的人。否则就算抢赢了，也是一种输。

在网上看过一个视频，男人的单身居所里，宠物猫伏在书桌上，看着他在电脑前忙碌。窗外灯火万家的时候他才合上电脑，开始准备一个人的石锅拌饭。顺便打开了一罐猫粮，放在他的宠物面前。

城市渐渐进入灯红酒绿最为喧嚣的时刻，家里，单身男人和他的宠物猫吃着各自的晚餐，没有音乐场景却很是动人。看到这里你绝不会认为他是孤单的，他分明是在独自享受一种暖暖的幸福，然后用这样做人的态度,等待属于他的女人与爱情。而我更是被挑起了食欲,决定明天也要去吃一份石锅拌饭。就像慢慢去谈一场恋爱,不错过任何一点儿温暖的细节与陪伴。

你好看的样子很下饭

我是个资深吃货,不光会吃还会做,而且对食材很有研究,什么时节吃什么东西和喝什么汤品,是耽误不得和马虎不得的。我常在某宝和某猫上淘全国各地的特色食材,快递到家后很快就可以被我精心烹饪端上餐桌。

听说我会做菜的人,很多都喜欢对我说"能留住男人的胃就能留住男人的心"。我却不以为然,我在情感和婚姻里游历这么多年,一是根本不会给不喜欢的人做饭,二是每失望一次就少做一件爱对方的事,如果这样的话,那么我分手后首先就会放弃做饭。

我得有多爱你才会给你做饭啊?要趴在网上挑选各地食材下

单，要穿着高跟鞋拎着大牌包进出菜市场采买。还得去超市精挑细选每一种调料，光是油盐酱醋都得好多种，以便做出不同色泽和风味的菜品。

如果我想要的食材和调料买不到，我宁愿不做那道菜也不会将就。我不去别人家做菜，因为食材和调料不是我想要的，我也极少会请别人到家里吃饭，因为交情和爱情没到那份儿上。

事实上，也没有男人会只因为女人做饭好吃留住了胃，就主动留下心不做让女人失望的事。胃和心不在一起，女人根本不必为了留住男人去苦练什么厨艺。

女人还是要先有好看的样子，在这个基础上，再会做点饭就更好了。可以养出自己的好身材和好气色，还能给男人一点儿惊喜，以便让他有受宠若惊之感，而不只是习惯性地认为女人做饭是天经地义。如今这个年代，女人独立才是最重要的事情，男人会做饭的也大有人在，他爱你也可以给你做饭。

女儿总是沉迷于我的厨艺，偶尔缠着我要学，我说："你还是多读书多上学吧，能读多久就读多久，能获得所有的学位更好，将来可以雇专业厨师给你做饭。"

什么年纪做什么事情，女儿现在是读书的年纪。而我小时候也从未有人刻意教过我做饭。这是情趣，只和我们对自己与生活的爱有关。有了这份心，自然就会在需要的时候做饭。

即便那么喜欢和会做饭的我，也不是天天下厨，只是在有空又有心情的时候才去买菜做饭。每周如果没有饭局，也会固定外出约会去饭店吃两三次饭，剩下的时间才是家庭餐桌上的盛宴，用来沟通经营家庭成员之间的关系。

一家人一起吃饭，对每个家庭都是很重要的事。不会做有保姆做，不想在家可以外出吃，自己能做并且丰盛美味则是最高境界的爱，这样的家庭走出的男人、女人和孩子，都自带非凡的幸福感，每个人都会慢慢养出一副很好看的样子。

与其说光会做饭留住了胃，不如说我们留住了彼此的胃以后，就能逐渐养出好看的样子，等你看上去就秀色可餐很下饭的时候，才能真正留住彼此的心。

药补不如食补，食物是我们养育身体和容颜的第一要素，我们应该精选食材，并且注重营养搭配，做到养身又养颜。如果再配合运动健身，促进血液循环和机体自然排毒的功能，那吃饭就成了一件满足了胃，又能满足心，还能留住爱人的大事件。

吃货是瘦子才能称得上可爱，面对一桌食物吃货眼里流露出的喜悦，才是对美食的最佳恭维。

吃饭，也是男女之间很重要的一种交流方式。除了为对方做饭的心意，两个人能不能吃到一起去，也是决定着今后能不能在一起的重要参数。我们看着爱人吃饭也是一种享受啊，如果你秀色可餐，男人嘴里嚼的是饭，心里吃的却是你，眼睛里自然流露出的激情像是火焰，也能瞬间就点燃你的心。

干柴烈火能烧出好饭，也能燃出好爱。他爱不爱你，一起吃一顿饭就知道了。

敷衍你的男人，根本不会用心选择餐厅和点菜。对你一见钟情只想和你上床的男人，根本不在乎嘴里吃的是什么也没心思说美食。只有那种真正欣赏你的男人，才会陪你细嚼慢咽只说吃饭的事，他还会给你夹菜然后很认真地微笑着看你吃完。

这样的男人，也是有教养和心性成熟的，他懂得爱一个人，就是要和那个人吃一辈子的饭。

前些天我写的一篇关于化妆的文章下有读者留言:"有的女人脸上都是油,面色暗黄却配一嘴口红的装扮也不好看啊,能不能用点BB霜再涂口红?不然再好看的颜色看上去都很掉价。"

我回复:"原则上来说,口红也是需要美颜来搭配的。"

如果我们没有天生的好底子和后天的养颜术,那就去学习化妆,整体提升颜值,让口红也用得其所。

口红又不贵,你可以靠自己的能力去买很多支。可漂亮的口红也要配漂亮的脸色,你要让自己好看的样子,看上去真的很下饭,这样才是留住了胃也能留住了心。

平凡生活中的你我,和他的一粥一饭、一笑一颦都有着属于我们的暖意。那些美味的食物,那些动听的话语,那些好看的笑容,那些治愈的故事,都会为爱情增色,为生活添彩,真正抚慰到每一个曾经失落的灵魂。

你和生活都可以变得很美

玉儿下班后赶过来赴约吃晚餐的样子，简直可以用丢盔卸甲来形容。她穿了一件看不出身材的灰色长袍，脚腕处露着一截厚厚的黑色打底裤，关键是她还穿了一双浅口鞋，露出白色的袜子。原本玉儿胖嘟嘟的身材，就这样又被硬生生地分成了几截，像个莲藕。

她还是素面朝天，因为上了一天班，肤色显得有些发黄暗淡，长发乱蓬蓬散着，双肩包袋断了一根，她说是在地铁上挤的。深灰色针织长袍上沾了很多毛屑，一坐在我们身边就显得惨不忍睹起来，对面坐着的，就是别人想介绍给玉儿认识的男人。

这样的约会当然不会再有第二回，玉儿快30岁了，不仅不化妆，而且从来都是乱穿衣。用她的话说："穿得舒服就好，我的工作需要常坐办公室，而且大多是女同事，穿那么鲜亮有什么用啊。"

偶尔和她一起逛街，她也不会去试衣服和买衣服，几乎所有的用品都是网购，她认为这样更便宜更划算。她说自己是个宅女，甚至连陌生人都不想见。我问："那你想谈恋爱吗？"玉儿回答："当然想，可如果他真喜欢我，就应该是一个最真实的我对不对？"

最真实的你，不一定是最好的你，我们谁都没有义务和时间，非要透过你邋遢肥胖的外在，看到你又瘦又好看的内在对不对？

玉儿对我的生活态度很不理解，她觉得没必要把钱浪费在外在上，内在美才会被长久欣赏。更觉得一个人去咖啡馆吃早餐，或是喝杯东西的人都是神经病。她每每在朋友圈用"小资"来形容我的时候，我都觉得她一点儿都不像个80后，内在再优秀也有些过时了。

身边不乏这样的女子，出门都不化妆，相亲都如此，回到家就更是蓬头垢面，美其名曰素面朝天最美。可美丽素颜都需要好看的五官搭配，肤色也会随着年纪的增大变得不那么白里透红，唇色则会在25岁以后就渐渐失了颜色。适当的妆容可以让女人更加自信，也是一种礼貌的体现。

再说，当你脸上都是肥肉的时候，那还能叫素颜吗？

对自己外在都如此不在意的人，家里往往更是脏乱不堪。女人没事喜欢宅在家里没什么不好，但"宅"却不是单身女人的首选。无论你是否年轻，出门见点阳光，做点户外运动，结识些男女朋友，对身心都有好处，你也当然有理由保持自己的习惯，但死宅外加不修边幅，总不是女人最好的生活状态。

都说单身越久越单身，这其中固然有些许的无奈和寂寞，但绝非必然会发生的悲剧，我们不应该一别经年都一成不变，等爱的姿态是最美的。成长成熟的意义也不是让你什么都接受、什么都包容，而是学会剔除、学会选择、学会放弃、学会变得更美的，知道自己最重要的东西是什么，不重要的东西又是什么，然后慢慢变得简单而美好。

一个真正强大的人，不会把太多心思花在取悦和依附别人上面，所谓的圈子、资源，都只是衍生品，最重要的就是及时提升自己，修炼好外在和内在，才会有别人来爱你和亲近你。

我们要为了变美不顾一切，外在漂亮、内在丰盈，不轻言悲喜，沉默多过抱怨，温柔浅笑，从容淡定，对一切有足够的耐心，对任何人和事都保持平和的心境。

家是我们一生中唯一的避风港，保持它的干净整洁和温馨舒适也是享受生活的最重要方式，自己的天地应该有些花草香熏烟火气，何况那里还会有爱的男人和可爱的宝贝。女人一定要活得精致，从里到外并且时时刻刻，即便是自己的背影也需要经营。等爱的为爱时刻准备着，有爱的为爱活得更精彩。

女人最好的生活状态是你不怕老，可你看上去比实际年龄年轻。你不怕孤独，可是你有闺密和灵魂伴侣。你不迷信爱情，可是你有爱情。你不认为婚姻是女人的事业，可是你有好的婚姻。你不为男人而活，可是你有相爱的男人对你不离不弃。你不认为女人有了孩子才叫圆满，可是你有听话优秀的孩子。你不贪财，可是你有点钱。

你已经做了太多无谓的挣扎、太多荒唐的事情、太多盲目的决定，已经因为太多不漂亮和不快乐而错过了太多本来的幸福、太多安静的日子、太多理性的选择和放弃。从现在开始，请认真把你做过的都忘记，再用心把你错过的都弥补。你要懂得享受生活，而不只是关注别人攀比虚荣，忘记自己也有创造的能力。

今后的日子想要留起长发，出门化妆细节也要精致，在家里素颜状态也要很好。有稳定的工作养活自己，有时间约上闺密去吃喝购物。做事就努力坚持，没事就窝在家里看书追剧，心情不好就去咖啡馆晒太阳，一个人发呆也能慢慢变得温暖。每周运动健身至少三次，去增强体质，而且不胖的身材也需要塑形，变美也需要有不顾一切的决心。

我们每天最重要的两件事情：一是出门，二是回家。

愿你一生努力,一生被爱

最近几个月我经常去别的城市给一些女性研修班的学员上课,也因此接触到更多成功且优秀的女性,即便也有着这样那样的困惑和选择,但她们依然与众不同,因为她们每个人都还在努力,还在学习,还在寻找和了解新的生活方式。

她们本身就是社会各界的精英女性,不缺成功,不缺价值,更不缺安全感,但面对新事物依旧求知若渴,面对生活充满激情,面对当下,还在努力把自己变得更好一点儿。这样的一种精神同样也在感染着我,在课堂上与其说在授课,不如说在彼此学习。我在一群美丽的女人中穿行,就必须做到精益求精。

我身边的闺密都是狠角色,不仅在公司里独当一面,生活中还是辣妈,其中的单身女性更是独立勤奋,一个人的日子也打理得井井有条。我们之间的交流更多是在彼此影响、彼此提升、彼此分享,即便偶尔谁遇到了工作和情感上的困境,也会在闺密群的陪伴下得到释怀,第二天该干吗还是干吗。人生路上我们很少诉离殇,只是安暖相陪,历经一年又一年,十里桃林花落花开。

我和闺密们喝下午茶,偶尔谈起新事物我们都会眼睛放光,集思广益探讨可能性,然后第二天就立马各自去着手收集资料了。好的事情和好的人生都是如此,一件一件试出来,一步一步走出来。

每个人都生活得不容易,谁也不可能改变谁,我们唯一能控制和改变的只有自己,这一点是滚现实的钉板滚出来的真理。你为什么总是说"我不知道自己想要的是什么"?真相就是:你根本没有勇气面对现实的困境,更缺少足够的努力去争取你想要的东西,以及足够的信心去控制和改变你自己,所以你只能将就你不想要的东西。

生活中感觉坚持不下去的时候,除了工作上的困局瓶颈,还有情感中的各种痛苦纠结,也是导致很多人丧失斗志的原因,后者可能还会更崩溃绝望。要修炼到不再会为情感所伤,或许难度很大,如果还是以我个人的经验来说，女人活着的尊严和腔调重于一切。

如果前途和男人让我二选一，我选前途。如果委曲求全和不解释让我选，我选不解释。如果两个人的情感关系到了需要考虑的份，我会选择离开。

生活中发生的种种，只要无关乎生死，就都不是事，治不好自己的脆弱，就不要指望爱情能够为你赴汤蹈火。我也常常有感觉支撑不下去的时候，但我会想：我还有健康，这真是太幸运了。

艾薇最近又在和新来的上司折腾，她在公司待了12年还是个主管，和她一起入职的同事都成了大区总监。用她的话说："公司频繁换区域经理，每个人都玩弄人际不好好干事，我想努力都没动力。"可这次的上司经验能力都丰富，对下属的要求也就严格了起来，艾薇又开始叫苦。我不解："既然遇到实干的上司，你凭本事吃饭就是。"艾薇又说："我老了，干不动了，大不了回家让我老公养着我就是。"

艾薇今年刚刚40岁，前几年就开始把老放在嘴边上，因为拿着不高也不低的薪水，她不努力也可以混下去。其实如果不是因为新上司是个实干的人，她并不打算离职换地方，因为没地方可换，而如今把离职放在嘴边不过是给自己找个台阶下，因为她真不知道该怎么努力了，这样下去迟早被辞退。

老公要是真能养家毫无压力，艾薇早就不会去上班了，她心里很清楚自己的处境，一边抱怨满心负能量，一边焦虑未来一片迷茫。40岁的年纪，再去找工作当然有难度，但就此回家不工作了，艾薇也未必就如此甘心到放弃自己。只是艾薇应对职业危机弄错了方向，时代不同竞争激烈，不努力的人终究越来越难混，混到最后总是要还的。

艾薇抱怨久了，颜值和身材看上去就真的老了，她也早就不关注自己的皮肤和体重，也无心走出去学点新东西认识些生活积极的人。每一任上司都对她不好，看起来是有原因的，问题就出在艾薇自己身上。好多比她漂亮比她优秀比她更努力的人都在拼，艾薇的这点矫情实在是无趣极了，日子久了别人连听都懒得听，包括她的老公，婚姻出问题只是迟早的事。

是真的对好事情和好生活没有向往吗？不是，而是大多数人更想不劳而获。但有一个道理永远不会改变，你必须为自己赚到足够多的钱，才能让自己和需要你照顾的人过好，才有能力一生爱着，才有价值一生被爱。

女人总是会给自己不努力,甚至不独立找各种理由,还有女孩相信可以不用那么拼,找个好男人嫁了就行了。都当好男人是傻瓜啊,娶一个好吃懒做的女人养在家里,任其皮松肉懒发胖,还东家长西家短地攀比抱怨。

如果女人结婚就是为了生一个两个孩子缠住自己,不能工作又不能独立,还得忍受男人的白眼和不忠,我实在想不出这样的婚姻对女人有什么意义,只是在彻底毁掉你罢了。

这世间没有不努力就能得到的好生活,更没有不努力就能被别人钟爱一生的事。如果你是一个人,要去做能让自己变得更好一点儿的事,这样才能看得到什么才是有品质的生活。如果你是两个人,那你们去做为了对方而变得更好一点儿的事,这样才能了解到幸福的深意。

愿你一生都在努力过好每一个当下,并对未来抱有美好的期待,一生被爱的女子在奔赴繁花的路上从不懈怠。桃之夭夭,灼灼其华,你的执着终将成就你的无可替代。

内心强大和活得强悍是两回事

艾七七是个"女超人"。她自己开的餐馆生意很好，算是个成功女性。而且她已经有了两个孩子，都是她一手带大的，最忙的时候不过请了个保姆，白天带到餐馆，很晚了再带着两个睡着的孩子开车回家。

整个创业和带大孩子的过程里，那个身为丈夫和父亲的男人都是缺席的。先是工作屡屡不满意，辞了职考研，然后考了N年未考上，又拿着艾七七赚到的钱去创业，同样干啥啥不行，但脾气一年大过一年。不顺心了还离家出走，要么就是弄来一个老妈，整日里一起跟媳妇斗，目的居然是为了钱。

艾七七已经养成了什么事都靠自己的习惯，包括生活中的方方面面。朋友问："那你要这样的老公干什么？回家吵架玩？"

"不就是想要两个孩子有个亲爹吗？再说离了就能找到更好的吗？身边的男人大多如此，就算有好的也无心去看。"艾七七的话是很多同类型女性的心声，她们或许是事业和家庭里的女超人，却是生活和情感中的失落者。

艾七七老了，最近几年尤其老得快，不到40岁的年龄，却有50岁的体态和心态。结婚十年，她创业赚钱还连生了两个孩子，太舍得用自己，操太多的心，情感和身体上的抚慰却严重缺失，这恰恰又是女性，特别是婚姻中的女子最需要的滋养。

"我们已经很久都没吻过对方了，第二个孩子出生后甚至连性生活都快没有了，可我还年轻对不对？"艾七七有很多的钱，却得不到最基本的身体需要的满足感，她有时候也想再遇个好男人谈场想要的好恋爱。

她想不离婚，先找到合适的再离，可如此骑驴找马，即便遇到了白马王子，两个人也是平行线。至于钱，越是优秀的男人越是不在乎女人是否有钱，而在乎的都不是什么好男人。

艾七七已经没有了离婚的勇气,就算有了足够多的钱,她还是需要一个男人,哪怕他只是个累赘,但天天回家也好呀。艾七七说:"他每晚回到家的时候,门里的世界才像是个家。"她起身离开咖啡馆走向她的宝马车,体态像个中老年妇女,她像冰箱里久放的苹果,已经被风干了水分。

女人体态臃肿不一定是贪吃所得,还有焦虑、抑郁、熬夜、疲惫、不快乐、身体亚健康等原因。心态老去也不一定是没钱导致,而是对生活和情感充满了失望、抱怨,直到自暴自弃,还借口家庭和孩子来骗自己。

没有暖意的不是家,只是房子,越大越冷。你那么舍得用自己,甚至耗尽所有心力,孩子却未必领情,因为这样的妈妈未老先衰,离榜样差了十万八千里。

在你都不爱惜自己的时候,什么人都不会爱惜你。

付梅今年50岁,也是属于在年轻时为家庭和婚姻拼命用过自己的女人。自己家姐妹多,老公家更有喜欢钱的婆婆和小姑,老公年轻的时候事业又不顺,付梅先是在老家开中巴车赚钱,后来又到北京做建材生意。在四处透风的市场里苦守几年赚下家业,还要被娘家和婆家一并算计，和老公吵闹不休，身体也累到落下了病根。

这几年她才恍悟，没有什么会比身体和心灵健康更重要，付梅索性结束生意退休在家。先是每天快走十公里减重20斤，然后又请了保姆把自己从家务中完全解脱出来，养养狗种种花调养身体。身体好了心情也愉快许多，几年下来，和老公感情好了不说，那个男人还居然变得喜欢在家宅着了。

付梅说："想想之前，总是顾这顾那，唯独不顾及自己，结果帮了别人还不落好。现在我光想着要让自己高兴点，能不管就不管，该拒绝就拒绝，只要自己不生气就好，结果身边人倒也收敛了起来，而且老公也开始为我挡事了。"

你缺钱就去赚钱，找男人也要找个可以成就自己的人，这年头废物都是只会添麻烦的主。你有钱就去为自己花钱，省着钱却不省着用自己，到头来都是人财两空的命。

生活中活得太强悍的人都是很辛苦的，因为一般都是"能者多劳"，被用到最狠都没人心疼。而那些懂得适可而止的人却可以换得平静。因为拥有进退自如的能力，别人轻易用不起你，偶尔用了还会对你感恩戴德。

你有多独立，就有多美好

最近因为工作上的事情多，我也感觉到了压力和疲惫，偶尔也会影响心情和睡眠。男友提醒过几次要调整，我也没有当回事，想要拥有更好一点儿的生活，除了努力别无选择，负重前行就是很多人的状态。

直到前几天我们外出散步，他特别认真地跟我说："你比我大，我更要省着点用你，免得你老得快，现在还是多用用我吧。"

总是听不得"老"这个字的，男友这句话触动我的字眼却是"省着点用自己"。身边太多女人都不知道这句话的深意，操太多不该操的心，做太多不是为自己好的事，想太多还没发生的烦，担太多不需要独自担的事。

结果呢？加快了自然衰老的过程，美好的颜值一去不复返，心灵的灯火也早早熄灭。

都说："女人的脸，男人的爱。"在我经历过几次婚姻的离散之后，对这句话的认同里更多了一份执着，女人一定要独立，独立才能自由掌控人生。富爱自己的同时，更要节省点用自己，先控制住自己的容貌、身材和脾气不野蛮生长。

是的，或许我们都在负重前行，为了自己的想要的生活和梦想，一边走一边微笑，险境中也有希望。但不应该是负累前行，带着别人给予的麻烦和痛苦，一边走一边哭，就会失去原本应该看到的风景。

你舍不得男人哭，你就得自己哭，你舍不得兜里的钱，你就得舍得用自己。对于女人来说，最珍贵的就是当下每一天的时间，因为它一去就再也不复返。

美好一直与坚持同路

飞扬的脸和她的名字完全不符,每每出场都是一副忙碌疲惫,外加写满了不高兴的脸。偶尔开玩笑:"飞扬,你为什么就不能高兴点呢?工作也算不错,人说姻缘也靠缘分,你笑对生活或许能吸引不一样的男人。"

飞扬反问:"哪有那么多值得高兴的事?房贷沉重,交通堵塞,男人没靠谱的不说,好像正常的都少有。"

她觉得我的小情小爱都不值得谈论,喝茶她没有时间,喝杯咖啡她觉得装,吃顿饭得先看价格,我请客她也一边吃一边说贵,还要顺便教导我要节俭要低调,这样做会吓跑男人,因为不好养。

我是飞扬嘴里的物质女人,她除了在我面前直言不讳,在朋友面前也说来说去。她偶尔见到我的男友,也三句话不离我是多么败家,追求的东西都太过奢侈,完全没有意义。结果男友赶紧找个借口拉走了我。

飞扬的做法算不上漂亮,我无意计较,是因为三观不同用不着争辩,每个人都有自己的活法,原本就是自己觉得舒服就好。只是飞扬的生活舒不舒服我不得而知,但她的脸却越来越不漂亮。

这几年飞扬结婚生子,不光工作上没了劲头,皱纹也深入额角,三十多岁不论面相还是身材都已经显老了。她老公也是赚钱不多的普通人,最近为了孩子能上好幼儿园到处求人,再见她的时候,飞扬的五官都缩成了一个大大的"愁"字。

我不知道飞扬在北京的生活有没有高兴的时候,因为我从没有见到过她畅快的笑容。如今她打算回老家去生活了,至少孩子不用担心户籍上学的问题。飞扬说:"希望孩子能过得更好一点儿。"关键是,什么才是飞扬想要的更好?我不知道,只怕飞扬自己也不知道。

原本也是青春洋溢、梦想光鲜的女子,不过十几年就被打磨成了面目可憎的样子,飞扬说这是命,我说这是运。很多人未必就是命不如人，而是自己误了初心糟蹋了自己的脸，长出了一副"臭面孔"，或是"死面孔"，让自己的好运道也跟着散失了。

飞扬在公司的人际关系也不好，要不是因为自己还算努力，她的位置根本坐不牢。但也多年没有提升，和自己同年进公司的一位男同事都已经成了总监，她还只是个主管。

她用一副强装智慧清高的"臭面孔"示人，在同类的人眼里，这就是装，在真智慧的人面前，这就是底子虚，左右都不会逢源。

你的脸就告诉了别人你的生活状态和人生选择，一个人有没有格局和前景不是用钱告诉人家的，你的面相就已经暴露无遗。

这就是为什么有些人看似失去了很多，看似没有了机会翻盘，仍然可以不急不躁，可以稳如泰山，可以静待转机，就是因为你或许连做人家的敌人都没资格。眼前的一点儿小人得志，或是鸡犬升天，看似赢实则输，来日方长，都是要还的。

我们的人生终究需要自己操盘，见识+能力+格局，才能把很多人甩在身后走得更远一点儿。这一点上，男人与女人同等，事业与情感同理，坚持与幸福同路。

看看自己身边，那些长出了一副臭面孔、百般不满满嘴抱怨、看到人家好就讥讽嘲弄、自己不如意就恨不得大家都倒霉的人，哪一个是情感幸福、事业丰收？即便眼前有点所谓的钱财、地位，但脱不开没有教养的粗鄙，什么都难以守得长久。

而那些生活幸福、不缺钱也不缺爱的人，哪一个不是面相清丽、轮廓圆润、言语平和？即便有身家、有地位，人家也保留谦逊与教养，就算骨子里的清高让别人不能随意亲近，也不会让人觉得讨厌只会心生仰慕。

你的爱情死了，但你的生活还在；你的事业维艰，但你的能力还在。人生无常总是如此，波峰低谷交替而来，拼到最后能救赎自己的，就是处变不惊的心境。你要学会长大，一个人抵得过千军万马。

任何时候你都要怀揣希望去努力，静待那些美好的人和事出现。慢慢地，希望的美好就会出现在你的脸上，每每看去，你的外表都充满了温柔的暖意和纯净的童真，美好才会不期而至。

愿你走出半生，归来仍是少年

馨儿是我的高中同学，皮肤白皙、小巧玲珑，当年毕业后去了母亲工作过的绸缎店做了店员。她也是同学里最早结婚的，先生是弄堂深处邻居家男孩，读了技校在汽修厂工作。

当年两个人的新房是公婆家的阁楼，有些拥挤，但布置得很有家居的味道。先生心灵手巧，在角落给妻子留出一个工作间，她秉承了母亲的手艺会做衣服。先生还在墙上开出一个展示架，放着他喜欢的各种车模。

馨儿做妈妈的时候我还没大学毕业，记得去医院看她的时候，抱着孩子微笑着的她，忽然就像个大人了。我们还是会一起去春天的太湖边赏花、秋天的天平山看枫叶,带着另外一半,后来又有了各自的宝宝。

馨儿工作的绸缎店生意不是太好了,好在先生已经成了维修汽车的高手,在社会高速发展的年代,他们俩相守着过安静的日子。但原本封闭的城市已经变成了经济热地,我的心变得不安分起来,想看看不一样的世界。

我先是离了婚,然后要换个城市生活。几位要好的伙伴都觉得我是疯了,只有馨儿说:"出去看看也好,你这样的女孩说不定会有什么奇遇。"原本我以为最会反对的就是她了,可那天说这句话的时候,馨儿的眼神亮亮的。

我离开小城的前一天,馨儿夫妻俩请我去家里吃饭。那时候她的儿子已经八岁了。公婆帮他们带大了孩子,身体也日渐衰老。馨儿说:"我们都是独生子女,有四个老人要照顾,而且读书不多,没办法像你一般说走就走,但你就像我的梦,看着你飞来飞去也是好的。"

又过了几年,我已经定居北京,馨儿的公婆陆续生病,偶尔回去她都没空再去太湖和天平山,因为卧床的公公两个小时就得翻一次身，婆婆也需要有人陪着去散散步。绸缎店已经关门，她就全职在家照顾病人和孩子。

再去她家的时候，那里依旧收拾得一尘不染，斑驳的木地板擦得很亮，馨儿还是如少女般清瘦，气色却很好。也是奇怪，馨儿经济条件不算好，还有繁重的家务琐事，但她的身上却看不出一点儿沧桑，甚至还带着淡淡暖阳的味道。

她的儿子一直睡在楼梯间的一张小床上，但并不耽误他长得高高大大，性格开朗且懂事。他从小学习小提琴，而且各科成绩优秀，一路保送进重点高中。

正说着话，她家先生拎着新鲜蔬菜回家了，还记得给我买的是黄天源的糕团。先生身上穿着的丝绸衬衫出自馨儿之手，天天在汽修厂上班的他，衣着却极为干净整洁，一看就是精心熨烫过的。轻盈和干净，是少年才有的模样。

馨儿喜欢穿丝绸质地的衣服，几乎都是她妈妈做的，真丝的衣服是好看，但很难打理，打开馨儿的衣柜，我也会惊叹她的整理术。一个女人最优质的部分都在细节中，婚后女人的家也是一种自律。馨儿说："没有太多的钱，也要学会断舍离，才能腾出手去赚来新的。"

馨儿泡了红茶,张罗着我吃糕团,还有她自己做的马蹄糕,茶具是纯白的瓷器,那是馨儿的最爱。她说:"我总看到你发下午茶的照片,好美,等我有空了一定去找你。"我知道她走不开,哪怕只是一天。

馨儿的先生洗菜做饭,还不时过来问问我外面的见闻,看到馨儿的头发散了,他帮她重新拢起来戴好发夹,然后笑着说:"馨儿放下头发最好看,可她总是嫌做事情的时候不方便。"他看她的眼神,清澈宠溺得一如当年那个天天等馨儿放学一起回家的少年。

哪怕只是极小的变化,都逃不过馨儿的眼睛,每次见面都会用手臂抱一下我的腰,偶尔感觉胖了会提醒:"要么少吃点,要么多动动。"弄堂里有一处小学,操场对外开放,馨儿和先生一直在那里打羽毛球,从少时的青梅竹马到现在的相濡以沫,好像时光在他们两个人身上静止了。

前几年馨儿的公婆相继去世,馨儿用多年的积蓄开了一家中式成衣店,她学习多年的手艺有了用武之地,再加上母亲帮忙,生意还不错。再去看馨儿的时候,她穿着自己做的旗袍站在店门口等我,小桥流水人家,她像极了我们年幼时她妈妈的样子,那是个美人儿。

我住在不是故乡的城市里多年,情感生活起起落落,馨儿也像我的一个梦。很务实,一辈子只坚持最初的选择,不远嫁,一辈子只睡在一个男人身边。馨儿是幸福的,不折腾的人生中,她有坚持也有得到,身体住在小城,心却很大很大。

跑过小街,和店门口的馨儿相拥,她说:"嗯,都这个岁数了腰围倒是没变化,远远看着你白T恤长裙,还像上大学时的你。"

馨儿之前总担心我过得艰辛,总怕我会孤单,她说:"现在我知道你也是幸福的,屡战屡败倒让你越挫越勇,我也能放心地看着你继续折腾。如果没有人陪你颠沛流离,那你就做自己的太阳,温暖每一寸人生,最终还是可以用幸福快乐做总结。"

馨儿的先生又来送下午茶点心了,然后匆忙赶回去说要烧小菜招待我。馨儿说:"我终于有时间能去北京找你了,看看你喜欢的那个城市,以后一年和家人去一个没去过的地方,拥有你的见识。"我说:"我又有了新目标,需要做些新改变,看看自己能不能过得更好一点儿,拥有你的恬淡。"

《这个杀手不太冷》中,玛蒂尔达问里昂:"生活是否永远艰辛,还是仅仅童年如此?"里昂回答:"总是如此。"

成年人的世界中没有"容易"二字,拥有梦想任何时候都不晚,只是你要一直在路上,风雨兼程,不改初心。

我们聊得兴高采烈的时候,连她儿子带着女朋友走进来,都没注意到。还好,孩子都已经长大,我们还健康未老。

你从来都没有不爱过一个男人吧

雨菲最近问我:"老公一年都不跟我亲热了,是不是不爱了?"我记得她之前就说过这种事情,夫妻之间没几次性生活。

老公出轨绯闻不断,雨菲吵闹不休但没提过离婚。她说:"我们都爱着彼此,总不能一有什么矛盾就离婚啊,再说我也有缺点。"雨菲自我反省的能力一直就很强,早几年男人出轨同事,她以为是年轻女孩勾引,换个工作就好了。后来又出轨同学,她认为是自己没生孩子让老公太闲了。

雨菲怀孕的时候就坚信是个男孩,这样就能对老公家里有交代了。婆家重男轻女,雨菲只要生了男孩才能正室位子不旁落,婆婆保证过，如果生个男孩，儿子还要离婚就打断他的腿。雨菲生儿子的愿望得到了满足，但老公却懒得再碰她，在外面照样招猫逗狗，忙得不亦乐乎。

别人以为雨菲过着养尊处优的日子才忍着渣男，其实她也得朝九晚五上班赚钱，老公的薪水不如她多，还拿家里的钱给外面的女人买奢侈品。她沦落到又得传宗接代、又得赚钱养活孩子和婆婆的地步，连情欲都得被压抑，早早没有了性生活。

雨菲结婚七年，最近五年里老公和她发生关系的次数，用十个手指头都能数得过来。至于接吻这件事，雨菲说她都想不起来是什么了。但她还是坚信老公也爱自己，因为他每天都回家，对孩子也非常好。

男人爱你？不吻你也不跟你睡觉，那还爱什么啊。可雨菲还在坚守她的婚姻，她说："他终究也没要跟我离婚，我为了孩子也要把家维持下去。"

雨菲认为自己如此坚持去爱着这样一个男人，也是很勇敢和伟大的事情，不离不弃才是真爱。说起我离婚的时候，她说："你有没有想过，也许你身上也有缺点，果断地离开一段感情是需要很大的勇气,但是值得挽回的感情更需要勇气。"

我回答:"不是所有的婚姻都有出轨,爱情没有了也根本谈不上什么挽回,我已经不爱那个男人了,今年不离还留着过年不成?"

我知道雨菲听不懂我的话,因为她只知道去爱一个男人,却从来都没有不爱一个男人,哪怕那个男人很渣。

雨菲说:"吵不散的恋人才是真正的恋人,能共同经历风雨的感情才是好的感情。现在出问题的男人这么多,互相的不信任感和危机感才是感情的杀手,相信自己信任他又如何?他乱花渐欲迷人眼又如何?但我内心的底气让我相信我们始终是相爱的,谁都拆不散。"

如今的雨菲却要在"人财两空"里再生个二胎,据说是因为婆婆认为孩子多了,男人就更舍不得家了。

不是每个人都会成长,更多的人也会变成连自己都曾经讨厌的模样,已经变得更好一点儿的我们,为什么要让渣男来爱自己,并且以此自信?我还是去找更好的男人来彼此成全有品质的情感生活吧。

辑三
做一个刚刚好的女子

只有爱一个男人的勇敢和偏执，很多女子为了爱情不听父母，不看门第，不管男人是否有家室，甚至为了结婚生子垃圾桶里捡来的渣男都可以将就，却从来都没有不爱一个男人的自信和骨气，甚至明明不爱了也为了所谓的家庭圆满忍辱负重。

我们都不可能一生只爱一个人，而成长的意义，就是让我们不断修复和提升自己，以便更好地去爱与被爱，去试试想过的和能过的日子。

我从来不屑在一个自己不爱了的男人那里浪费时间，自信告诉我，一生很长，我可以边走边爱，没有必要原地踏步穷吵穷闹，变成烂人做烂事，惹麻烦。

很多女人都在妄自菲薄，甚至也认为离婚一定是因为出轨之类的烂事，却没有几个女子能真正了解，我们也会在因为经历一些失望后不爱那个男人而挥手道别，没有抱怨也没有遗憾，不说再见就是永不再见。

这世间有千万条路，不同路的人也千千万万，何必在意？哪怕只是同行过一段路，也是好的，然后在分手处微笑着告别。每个人的一生都是如此，好多人来又好多人走，我们其实没有那么多的时间留给伤心。

伤害不断的爱都不是爱,左顾右盼的情都是滥情,你没有价值的时候,你的付出都一文不值,你的爱就是别人眼里的麻烦,你有价值的时候,你的爱才是别人生命中的一盏灯火。

《三生三世十里桃花》的其中一世,白浅是凡人素素,被一干人等百般欺辱,甚至连爱她的天族太子也不能护她周全。另一世里,白浅是帝君上神,被一干人等顶礼膜拜,甚至天族太子再见到她的时候,也这样说道:"夜华不识,姑娘竟是青丘白浅上神。"

"没有你,我也能过得很好。"当女人最终修炼成了这样的生活姿态,让男人也需要偶尔去仰视你的时候,他才能重新思考自己的位置和你的价值,从而让自己的情感更加真诚和长久。

骄傲,不是让你不去爱,而是要为你赢得选择更好的爱的资格。

人活这一世,风雪路途遥,我只追求一种成功,就是按自己喜欢的方式过此生。

健身这件事温柔又强大

前一阵去银川寻觅美食,那里有中国美食家公认的最优质的羊肉,被称为"舌尖上的青草香"。因为行程满满,每天都会吃完三餐甚至是消夜之后才回酒店,连着几天都没空去健身房做运动,结果就开始心慌了。

靠做运动保持身材的人,一天不去健身,就会活在"我胖了"的恐慌里。当美食和体重成正比的时候,运动就可以兼顾两者,既不耽误享受生活乐趣,又能保持身材健美的唯一方式。

每次我在跑步机上累到想放弃的时候,眼前就飘过无数美味食物,那是我的动力。还有身边男人的六块腹肌,以及闺密生完孩子就恢复到孕前的体重,这些则是我的榜样,想到它们我就不得不再咬牙坚持。

年华易逝,如果你能保持又瘦、又美、又健康,岁月就会变成一枚大力回春丸,所有美好的人和事照样围绕在你身边,根本就没有年龄的牵绊。

我的文章里很多写的都是身边发生的故事,我不断地看到有女人问我相同的问题:"我其实就好奇,真的有二婚带孩子嫁得好的女人吗?多吗?还是为了安慰我们女性朋友,才杜撰的事情?"

如果女人始终生活在一口井里,长期和井里的青蛙为伍,总是说着眼前那些鸡毛蒜皮的小事,守着游手好闲的男人当饭碗。这种不到100块的生活过久了,眼界也就窄了,没有能力甚至也没有信心去看看外面的世界,即便看到点美好的事物也不相信存在,遇到点美好的男女也因为自惭形秽,表现出心虚的幼稚和忌妒的猜忌。

我总是强调胖和瘦的差别、健身和不健身的差别,是因为你如果能对自己的肉自己说了算,那你的生活就能自己做主了。如果你能长期坚持健身这一件事,就很难再有什么困难能让你轻易说放弃了。这是自律的第一步。

身为女人,最应该长期坚持的事情就是保持自己美好的颜值,如果连这个你也能放弃,那我根本不认为世上还能有什么让你获得幸福与安全。

好多人都在说运动,但如果不能真正享受到运动后带来的快感,就很难坚持下去。我以前喜欢打网球,现在因为身边人是跑步健将,我又爱上了去健身房做专业锻炼,除了瘦还要有紧实的肌肤和明显的马甲线。每每运动过后大汗淋漓,皮肤白里透红,让我感到神清气爽。

坚持哪一种运动都是如此,前半段靠体力,后半段靠毅力,辛苦且枯燥地不断重复。我去健身房也化淡妆,一年四季穿紧身合体的运动短裤和T恤,束起头发露出有美人筋和锁骨的脖子。

女人做运动时汗湿的秀发和娇喘,都是十分性感迷人的。我们自己要懂得挖掘自身的美,自信都是从这样的努力和坚持中变得强大,又成为你的气质和魅力。

我喜欢在健身房里对着镜子里的跑步机跑步,抬头挺胸调整呼吸看着镜子里的自己。每每坚持不下去的时候,我就告诉自己:"我多跑一步就离更好的自己又近了一步。"

健身的同时也是和家人、朋友互动交流的时间，不需要什么语言，我们一起运动、一起健康、一起瘦，就是殊途同归的美丽梦想，没有什么能比这个理由，更能让我们一直相亲相爱下去了。去健身房也是女人的一种情趣，充满了对生活和自己的爱意。

我观察和接触过一些喜欢户外运动，或是长期坚持去健身房锻炼的男女，各行各业的都有，年轻的大多有不错的职业和发展，年长的很多都是成功人士。他们往往都有一个共同的特点，就是生活相对简单，几乎都没有不良的生活习惯，因为除了工作和事业，他们把精力都给了运动和家庭。

我几乎可以把爱运动的男女和也爱家庭联系在一起，因为历经世事沧桑心事定，我们最终的归期都只是一个家而已。爱运动也是男人的一种纯真，保存了原始的野性又不乏现代的性感。

在北京这样生存压力巨大的城市里，能拥有这种生活态度的男女一定都是狠角色，因为他们要比别人更努力，才能去享受大都市便利的公共设施，才能去如此执着地关注身材和健康。

当我们跨越生存的艰难，迈入生活的门槛之后，还会遭遇举步维艰的时刻，于是有些人又回到了原点，越不安越焦虑，有些人则体味到了乐趣，越努力越安全。

看上去让自己一直又瘦又好看的过程好像很辛苦，其实你只要把"瘦"养成了一种生活态度，做起来就毫不费力了。看着那些原本就适合你的小码美裙靓衫，不需要多修饰更不用修图的自拍照，身边人惊艳羡慕的眼神，完全会忘记年龄的坦然，你就知道自己如此坚持健身努力瘦着，该是多么有价值了。

常常有人问我美好的女子是什么样？其实无所谓一个人还是两个人，更好的生活态度就是不需要任何标签，不浮夸、不张扬，不再需要被人捧，也不再需要很多爱，我们内心却清楚明了："是的，我就是这么努力这么好。"

世上最幸福的事情之一，莫过于经过一番挣扎和努力后，所有的东西正慢慢变成你想要的样子。

就是要让身边的男人先是贪图上我们的美貌和肉体，然后才是迷恋我们的才华与灵魂。

赚钱到老的女人

那天你说:"我要一直赚钱到老。"隔着电话,我都能感觉到你明媚可爱的笑颜,像极了北京暴雨后的彩霞。

若云二十多岁的时候就拿百万年薪了,销售的工作得心应手,也没有耽误她和大多数女孩一样,恋爱、结婚、生子。若云的丈夫原本也是公司白领,因为擅长做饭,他渐渐替代了若云,承担了家庭里的大部分家务,孩子也是他照顾得多。

事业成功的女人,忙碌也是免不了的。虽然若云经常出差,但收入也逐年增长,她渐渐替代了丈夫养家的责任。再后来,丈夫索性辞去了工作,女主外男主内。

一方工作一方回归家庭的模式，在经济条件能够得到足够满足的情况下，原本也是一种离幸福最近的模式，但多少还是存在一定的风险。

在某些年龄段产生的爱情，注定了不可能谁就是谁的一生，我们也都不可能一生只爱一个人。人生的某些阶段因为个人的努力或是坚持，能够得到成长和提升，但对有些男女来说，30岁之后就是不断在重复之前的路了。

男女情感的疏离，夫妻之间的冷漠，很大程度上是因为我们彼此发生了改变。当其中一方不再愿意驻足等待，或是另一方固执己见、不进反退，渐行渐远是必然的结局。

男人居家的风险更大，因为他原本就不是适合圈养的物种。若云的婚姻也没有逃过所谓的七年之痒，其实就是夫妻从收入到心态严重失衡的过程。若云也有过为了年幼的孩子忍一忍的想法，于是过去了一年又一年，孩子却并未给夫妻情感带去任何好转。

若云说："他知道我最在乎的是孩子的感受，就每次都当着孩子的面跟我吵架，我要赚钱维持家庭开销和提高生活水准，他却最终用我拼命工作赚钱这件事来怀疑我和羞辱我。"

我说:"没有经济能力在家庭中原本没有什么话语权,努力争取的过程中就免不了无中生有和无理取闹。这种事情男人往往会做得更极致,因为男权社会中的男人习惯压制女性。"

这样的婚姻又持续了五年才最终结束,若云给了前任两套房子和N笔存款。她说:"他还是孩子的爸爸。"

若云还是很忙,出差的时候前任会到她家里照顾、接送上学的孩子,等到她提着行李箱回家,家里收拾过了,冰箱也是满的。前任很快有了个90后的女友,但从没有耽误过孩子的事。

若云之前一直很瘦,离婚后居然胖了十斤,越发丰满漂亮了起来。前任也感叹:"看样子你和我生活在一起的时候真的是不快乐的,现在的你过得更好。"

三年前,若云认识了L先生,彼此都有好感,他是热爱速度与激情的北方男人,给了若云从未有过的稳重与性感。但某天L先生忽然就不再联系她,以若云的性格,她根本不会追问。

过了很久,若云才通过朋友得知,曾经资产过亿的他破产了,目前正在借钱东山再起。若云将手头的现金凑了300万汇给L先生,尽管他当时并没有问她借钱。若云轻描淡写地说:"生意场上祸福瞬息万变,谁还没有过难处?"当时L先生已经45岁,大环境并不好,从头再来一定很难很难。

一年以后,L先生还了若云的钱,还带来了高额利息。又过了一年,L先生在北京站稳了脚,对若云表白,还很抱歉地说:"现在还没有钱在北京给你买套房子,以后会有的。"

若云生活在南方大都市,她有不止一套房子,也赚了很多的钱,她早就靠自己看遍了世间的繁华,也尝过了人情的冷暖。L先生曾经辉煌的时候,她付出情感也风轻云淡,L先生坠入低谷的时候,她倾囊而出同样也轻描淡写。

最稳固的爱情,不过如此,好的时候彼此成就,不好的时候也能彼此分担,共度一些艰难的时刻。我们都需要一些这样那样的能力,才对得起一句"我爱你"里的责任。

人生无常,多变的情感里,多出的那份恩情,就是我们为自己倾力打拼出的能力。别人能给你的,我能给,别人不能给你的,我也能给。

上周她和L先生去别的城市度假，聊起自己的事业。若云说，现在从事的行业这几年不太景气，今年打算转行做些别的。很有商业头脑的L先生提了一些建议，并且嘱咐若云不必太辛苦。

40岁的若云也面临重新选择，再去承担未知的风险，尽管她就算现在什么都不做，也能过上丰衣足食的生活。

昨天和若云通电话，她说："男友说从下个月开始，每个月给我五万到十万的现金，以后赚得多了就多给，让我存着买房子。"

其实他们俩现在根本不需要着急在某个城市买房子，L先生这样做，无非用行动告诉若云不必为新事业太着急，一切有他在。我说："他给你，你就收着，我知道你现在用不着，但这也是他的爱情，你就成全他好了，另一方面你想做什么还是去做什么，不要为任何人任何事停止自己的脚步。"

若云回答："当然，我会一直赚钱到老。"这是我听过的，女人爱自己最美丽的誓言了。

男人的钱在哪里心就在哪里，这也是男人在向女人托付终身。而女人托付终身的方式却是独立的能力，要永远保持和自己的男人在心灵上高度同等。

你是什么样的女人就会遇到什么样的男人，你付出什么程度的努力就会有什么程度的工作，你有什么样的责任担当就会有什么样的生活收获。

若云已经过上了很多女人向往的生活，但她还在努力，对人生和情感的规划一直都没有停止过，因为还有未知的风雨，还有更好的生活。

一生努力，一生被爱，对女人来说，才是最大的安全感。

辑四
做一个会表达的女子

立场：勇敢做自己

不自救的人生永远是痛苦的

潘小花终于买了一套两居室的房子,这是她工作十年,努力辛苦并且省吃俭用才得来的,虽然是在北京六环外,但唯有拥有房子才算定居,是很多和潘小花一样的外来人共同的目标。潘小花的买房过程显然更吃力,她出身北方偏僻农村,下面有弟妹,父母务农没有生活保障。

潘小花大学读书靠贷款,毕业工作后拿了薪水除了还贷就是寄回去养父母,供弟弟读书。妹妹早就嫁了,但夫家同样穷。母亲打电话不是说弟弟上学要用钱,就是说妹妹那边养了孩子,要么就是七大姑八大姨家各种人情红包等。总之,潘小花每个月都盼着发薪日。

父母唯独不操心33岁的潘小花还没有结婚，不是她不漂亮，而是沉重的家庭负担让她忙到顾不上经营情感，过多的麻烦让男人望而却步。自己合租的小屋里，常常住着来北京的家人和亲戚，为这事潘小花搬了好几次家，因为没人愿意和她合租。

去年潘小花又有了男友，对方是北京人，工作收入也稳定。认识小花的时候她已经付了首付，人家就拿钱装修房子，答应以后一起还贷。这样的男人已经很稀缺，关键是小花也一直想找个本地人，据说更稳定。

去年房子一装修好，潘小花的父母就带着家当和儿子浩浩荡荡来了北京，弟弟没考上大学，小花拿钱让他在北京读自费的专科。又过了没多久，妹妹也带着孩子和老公来了，说是农村种地没啥钱，要进城打工，80平方米的两居室又住满了人。

潘小花没钱买车、养车，每天用一个半小时进城上班，然后用同样的时间挤地铁回家。男友虽然有车，但家住另外一个方向的郊区，工作日没办法接送女友。以前还可以周末约会，可自从潘小花家人来京，周末常提各种要求让男友开车去办，这次是逛逛北京城，下次是去看病，再下次是接某个亲戚来送某个亲戚走。

辑三
做一个刚刚好的女子

这样的日子,男友也坚持了半年,然后潘小花要求他跳槽到另外一家公司,据说更有前途,收入也高了一些。这是她原上司新做的事业,而且在潘小花上班的路上。男友犹豫的时候,潘小花不高兴了:"你到底爱不爱我?我们现在房贷负担那么重,不趁着年轻多努力赚钱,以后拿什么结婚养孩子?你得为我想想啊。"

男友最终妥协,但干到今年有点坚持不住了,男友的父母也怨声载道。刚起步的新公司,各种加班加点忙到没有休息,有点时间还得被女友家呼来喝去,原本家人就不同意他和潘小花恋爱,现在矛盾更多了。

两家人第一次见面就闹到不欢而散,潘小花家提出要彩礼。男友家人觉得,女方家困难可以提供帮助,但不能接受这样赤裸裸卖女儿的方式。潘小花去男友家道了歉,表面才过得去,但她跟男友说:"那么多年,我一个人负担得那么辛苦,毕竟是我的家人得管啊,何况现在我只有你。"

男友于心不忍,还是拿出自己积蓄给了潘家十万,那边才有了点好脸色。但潘小花其实更心疼,男友的钱也是自己的钱,给了父母自己却用不着。于是她除了争取升职加薪的机会,更是督促男友要如何如何,经常干涉他的工作,大清早给他打电话提醒他去加班,深更半夜要他再看下邮件等。

故事看到这儿,追剧《欢乐颂》的亲们是不是很眼熟?是的,潘小花就像是电视剧中的樊胜美。她们都有个"吸血鬼"式的家庭,一家人都靠大女儿一个人活着,而且还变本加厉,对女婿和儿媳之类的外人也不例外,不给"血"吸,就搅和到谁也别想过好。

生活中的"樊胜美"们是一样的生活模式,她们往往厌恶自己的家庭和出身,所以努力逃离到大城市,但还是被继续"吸血"。开始时各种努力,或许也能有一席之地,但终会不堪重负,把以后的希望寄托在男人身上,成为自己曾经最讨厌的人,过上了自己曾经最不能接受的日子。

她们找男人得先看有没有大城市户口,有没有房,有没有钱。实在因为年龄不得不将就的时候,也没有多少谈情说爱的心情,面对还不够有钱的男人,名为鼓励鞭策,实则也是进入了"吸血"模式,各种抱怨苦逼,然后动不动就用分手威胁。

潘小花男友的家人先有了察觉,他也发生了动摇,他的家庭毕竟只是个普通家庭,远没有多少新鲜的血液来喂养未来丈母娘一家人。他说:"如果有真情在,就应该有体谅在,但小花越来越没心思谈爱情，说得最多的就是钱，就是要稳定，希望我家能买房子结婚，房子肯定要买，但会不会又成了她家人的二套房？我不想再试了。"

最终潘小花还是遭遇了第四任男友的分手。能看得出她的伤心，但她擦了擦眼泪说："看样子，我以后还是要找个有钱的，才能给我稳定的生活，让我安心。"

是的，"吸血鬼"式的家庭，以及那些也变成了"吸血鬼"的女人，最终都要找个有钱又有闲的男人才能供得起。但问题的关键是，你自己还有多少资本能让那种有钱又有闲的男人这样做？

越是出身底层的人就越是要求稳定，越是对房子和票子充满了渴望，甚至因此变得更加贪婪和无底线。

眼界决定格局，这就是为什么女人要多读书、多见世面的原因，这是唯一能为我们自己好，让自己最终拥有能够看到今天的苟且，从而摆脱明天继续苟且的能力。

没有信心靠自己的奋斗找到前途和稳定的人，很难看到他们独立的精神和坚强的个性，可能一辈子都挣扎于焦虑和攀比。

生活里独立自信的女强人们，不会要求男人有房子和钱，因为人家眼前一直有"诗和远方"，自己也有能力看遍世间繁华。这样的女人却偏偏会有更多金更优秀的男人来到她的身边，带她去坐旋转木马，那是爱情最初的模样，却不是有钱就能拥有的幸福味道。

如今的社会，底层出身的人拼命追求稳定，为房价、物价操碎了心，抱怨且脆弱，中产阶级在努力实现自我价值，为追求高品质的生活承担压力，精英们在为这个世界创造价值，对待情感和生活也更积极通透。

每个人都有压力，但活的方式不一样，得到的结果完全不同。想要什么，就靠自己的能力去得到，不自救的人生永远是痛苦的。

就是要和比你优秀也好看的人交朋友

小薇比爱雅晚进公司一年,都在运营部门,配合协调整个北区的销售工作。小薇进公司没多久就获得多个上司的喜欢,名校毕业头脑反应也快,而且貌似家境不错,每天上班都打扮得很是时尚,好像是给忙碌沉闷的工作吹进了一股清新的风。

这让觉得自己也很努力的爱雅心生忌妒,年后升职的事估计也悬了。她故意疏远、孤立小薇,偶尔在工作群里也给小薇扎针,原本是个单纯的姑娘,入职场没多久就跑偏了,对同事越来越刻薄并没有起到她想要的效果,倒是被经理叫去谈话。

经理在职场搏杀了十几年,见惯了新人们这些浪费资源和时间的争斗，完全是低段位，却都还认为自己最聪明。爱雅又借机抱怨小薇种种不是，经理却反问："别的部门经理为什么也喜欢小薇？"爱雅嘟囔："不就是假装积极总是加班，还会拍马屁吗？"

经理回答："我们本来就是支持部门，小薇对任何需要她帮忙的人都有求必应，这也是工作的一部分，做得好不好不一定，但一定会及时回复。她每天提前半小时到办公室，保持着在大学就不睡懒觉的习惯，每天下班前再次查看邮件和问过主管后才离开。她周末随时回复手机信息和邮件，虽然这方面公司做得不够好，但身为职场新人和菜鸟，你不积极飞就一定落在最后。"

爱雅一肚子气，下班后吃饭都没了心情。我说："你就庆幸吧，不光进了大公司，还遇到了有竞争力的同事，可以供你参考借鉴自身到底够不够努力，又有一位愿意心平气和跟你讨论职场人生的上司，即便小薇想踩着同事的肩膀往上爬，你现在也没有能力供她踩，先放下这份多操的心。"

小薇自己知道的事情会做好，不知道的会虚心请教主动加班完成。为人细心、慷慨，有时候中午大家吃过饭回到办公桌前，就发现她又带了咖啡上楼，并且一定是人家喜欢喝的口味。转正的时候请全部门的人吃饭，说是因为得到了所有人的帮助。她在办公室不玩手机，也不玩游戏，闲暇的时候就看看书，或是打理整个办公室的各种绿植。

如今的职场，大多盲目崇信"如何月入五万"的虚伪成功学，越少有人相信"先做人再做事"的游戏规则。即便是拼才华，前提也是好人品，如果再加上高颜值，能月入五万的稳定职位也大多在工作五年以后，十年能拼到如此也已经很是成功了。

其实刚工作薪水都差不多，爱雅自己花都不够，但小薇还记得省出一点儿给别人花。小薇的父母都是医生，不是大富大贵的人家，但她身上表现出的良好教养和生活习惯，家庭环境也一定是富庶、幸福的。但她还是在用认真的态度对待工作和同事，对待自己人生每个时段都像最后一刻一样珍惜。

小薇说大学里同宿舍的四个女生，大四没毕业就全部进入大公司实习和工作，如今个个混得如鱼得水，自己不努力的话，聚会都不好意思见姐妹们。优秀的人就像一团光芒，在一起待久了，就再也不想回到黑暗里。

爱雅其实是不好意思面对如此优秀的小薇，她忌妒，是因为自己没有对梦想的执行力，想偷懒的时候又眼睁睁看不下去小薇升职。她讨厌小薇，是因为她怕被小薇这样优秀又好看的人讨厌，所以自己就要先装作去讨厌小薇。

你知道这个世界最可怕的事情是什么吗？就是你明明自己选择了不需要努力的生活，却每天抱怨社会对你不公平，指责别人对你不够好，哀叹自己钱太少，觉得优秀的人都在装，幻想自己有一天能大富大贵。

世上有很多种活着的方式，如果你选择有品质且有温度的活，那么与优秀的人为伍，是你走向更优秀的第一步。要知道，生活里所有的失去和分离，多少都有点"你自己不够好"和"对方已经不喜欢你"的意思。

你自己身上发生的事情，99%都和别人无关，因果都源于自身的文化与修养、选择与坚持。不优秀甚至不努力的你，有时候根本就没有选择权，却一直要把自己的日子过成攀比忌妒和慌不择路。

长得好看是上天的恩赐，活得好看却是我们后天修炼的本事，"人人被造而平等"，而非"人人生而平等"。

有一次坐长途飞机，旁边一位姑娘登机时就化着精致的妆容，穿着有品位的时装。因为长达十几个小时飞行,我穿着宽松的运动套装才会觉得舒适,姑娘却是一副要进办公室开会的装扮,这大概会让很多人觉得有点装。

吃完机上晚餐后,她换了拖鞋,掏出化妆包和洗漱用品去了卫生间,再回来的时候脸上已经干干净净。然后又问空姐要了杯水,往脸上贴了张面膜,最后吃了一颗大概是帮助睡眠的药片,戴上眼罩睡了。一路上她都在酣睡,完全不受周边环境影响。手机闹钟响了的时候,也是该吃早餐的时间。她吃完饭去了卫生间,再回来的时候精致的妆容又回到脸上,因为睡眠好几乎不说话,她丝毫看不出像是在狭小空间待了很久的样子。而周边的乘客大多面色晦暗、疲惫不堪,还有些因为脾气变大而引发的小摩擦。

看着她这一套娴熟的动作,我以为她肯定是位经常出差的白领,这次一下飞机就是奔赴职场。或是,有个帅气的男人正捧着鲜花接机,她扑进他的怀抱相吻……

结果飞机停稳后,我听到她打电话:"妈妈,飞机刚落地,我大概两小时后到家。"那一刻,我觉得她优秀极了。要保持这样的光芒,因为你不知道谁会借此走出黑暗。

在职场中远离性骚扰

姑娘,很多老男人都觊觎刚刚步入社会的你!当你遇到如此猥琐的性暗示,甚至是明目张胆的性骚扰时,你除了让他滚,就是让他滚!千万别以为你跟了他他就会提携你,你只会因此被视为"便宜货",即便真有能力也会被抹杀,还要被同事鄙视。做出这种事情的男人也一定会因为你的就范,最终全身而退。吃亏的只是你自己。

有些不那么年轻的女性在换工作或是升职后,遇到一些身处高位的老男人时,还是会遇到性骚扰。读博士的女友也遭遇过某位五十多岁教授的各种暗示,总之以为跟了他就会好处多多,不听话就各种刁难让你不能顺利毕业。

女友留下了被对方骚扰的各种表白和利诱的证据，她整理了一份先发给他的老婆，然后告诉这对夫妻："还不收敛就采取进一步措施，我不怕撕破脸，因为身后还有爱我的家人支持。"那位正室倒不是和他"风雨同舟"的主，后院起火立马没了气焰，据说一个多月的时间，教授的头发就全白了。

随着生活压力的增大，社会上有的人变得更加功利，有些男人过了30岁就显得老气横秋起来。如果再当上个小领导，就更没法看了，大多都人面兽心、腹黑猥琐起来。表面看起来事业有成、春风得意，背后却上有老下有小，一旦失败就无力再爬起。看年龄他正在步入衰老，看心态他或许已经比年龄更老了。很多人或许能活成"人精"，而不是什么人品，这个时候的男人真做出了有悖道德人伦的事情，就会更坏。

昨天有读者留言："一个老男人有家室，追了我四年，其他都还好，他也尽量抽时间陪我，就是感觉他在钱上特别抠门，其实我并不图他的钱，为了图钱我也不会找他。但他的算计和耍的一些心眼让我感到很恶心。曾经一度怀疑他就是为了性才和我在一起，我觉得两个人在一起就应该没有保留，坦诚相待，可我又下不了分开的决心。怎么办？"

很明显这又是一个觊觎你的老男人，他没有资格说爱情，因为只剩下心机来算钱财了。这样的人原本就不该碰，碰了就是女人自己的灾难。其实，老男人无论从生理和心理上来说，都不是同龄女人的对手，也就是他们嘴里说的那些"老女人"。所以老男人都喜欢小女人，因为年轻女子不是他的对手，他也可以随着自己的意图，重新塑造爱情的理论，颠倒情感的黑白，把男女关系弄成一场玩笑和买卖。

虽然老男人并不是什么真正的"艺术家"，但他有权力与金钱做支撑，让小男人们望洋兴叹，让小女人趋之若鹜，让并不好笑的笑话一再上演。实际上年龄越老的男人在情感的选择上就会越自私，只有年轻些的男人才有可能为心爱的女人真正屈膝。

离过婚的老男人多半对女人抱着怀疑的态度，一边想吃"嫩草"，一边又怕别人惦记他的钱。上一段婚姻或许已经分掉了一半家产，剩下的当然要看紧，这样的男人本身就很难再去爱上谁。有家室的老男人，谁爱上就会伤到体无完肤，别异想天开地以为挤走"黄脸婆"很容易，就算他抛开了相濡以沫的感情，也未必舍得下辛苦半辈子赚来的钱财和名声，因离婚而损失大半。

当小女人遭遇老男人，小女人多半会粘在情网上挣扎无力，以至于让那些没权也没钱的老男人也开始了心痒痒，以为越老越有魅力，越招女人爱。路走得长了多少都有了些骗女人的伎俩，喜新厌旧又不犯法，"道德法庭"的力量毕竟太小太小，骂也少不了他一块肉。这种老男人最"成功"的地方就在于，把自私看成了品质，把无耻说成了大爱，把女人当成了商品。

　　他的深沉可能是麻木，他的成熟可能是世故，他的沉默可能是颓废，他的与众不同可能是因为狡诈。老男人身上有优点，但小男人身上也会有啊，给点时间你就都可以看到金子在发光，什么男人都有可能成为一个年龄段里的精品，每个年龄段的男人也都有自己独特的味道。

为什么听过这么多大道理却依然过不好一生

公众号后台接连受到两位姑娘留言刷屏,昨天十几条,今天三十几条,都是年轻的已婚妈妈,孩子还幼小。专科毕业的A姑娘语无伦次,估计自己都不知道想说什么和想要什么。硕士毕业的B姑娘说不想活了,怀疑自己得了产后抑郁症,叙述间一把辛酸泪。

A姑娘结婚前有工作,每月3000+的薪水,但怀孕后就待在了家里,理由是需要带孩子。A姑娘夫妻双方都出身农村,都读了书上了学不缺独立生活的能力,但还是整日纠结在经济不宽裕的吵吵闹闹中,这样的日子里,夫妻矛盾逐渐上升到了谁不配谁、谁对谁不好的级别。她还在朋友圈上传了几张和老公的合影,大概是为了证明自己也不差。

比如A姑娘喜欢吃番茄,可回到婆家用一个鸡蛋炒三个番茄婆婆都不让。自己和老公去菜市场买菜,老公不仅嫌番茄贵不让买,反而还让A姑娘"戒了"番茄。A姑娘还喜欢吃巧克力,这一更"奢侈"的愿望在男人那里当然也是得不到满足的。

只是,如果自己有3000元薪水可以买多少番茄和巧克力?吃到吐也是本姑娘自己乐意,可结婚后的A姑娘不能吃这些,因为老公和婆婆不高兴。买衣服都是秒杀返券优惠到100块以下才能出手,还被老公讽刺胖、黑、没有工作能力等。我不知道,A姑娘的幼子可不可以想吃什么就买什么,如果不能,那也是A姑娘自己失职。

A姑娘怀疑自己可能高攀了老公,或者其实是遭遇了渣男。然而问题本身不是出在这里。经济不独立,自己养活不了自己,精神也不独立,不是无力而是无心去改变,这样的女人也没有资格说爱情谈要求,进入婚姻不过是自己选择的一个饭碗,至于碗大还是碗小,就得看你在那个给饭碗的男人眼里值多少钱了。

如果说是因为自己没有好出身,没有找到好工作,没有人带孩子,才要靠男人的钱养家糊口,那这纯属懒女人的借口。生活中很多独自打拼努力的姑娘,或许都有着这样那样的缺憾,但并不代表不能凭借自己的改变,而去彻底改变原本不济的命运,过得好一点儿和贵一点儿。

好多姑娘在打拼的路上也伤痕累累，但她们依旧光芒万丈的原因，就在于那些打拼经历都是自己成长的代价，而不是男人给的耻辱。

记得有位多金男曾跟我说过这样的话："女人一定要有自己的工作，赚多少钱无所谓，但做的必须是自己喜欢的事情，至少也应该有一两样能称得上爱好的爱好。等她有了价值感和成就感，对男人才会展现女人天性里的温柔和宽容，而男人也会尊重这样的女人，倾其所有，斗志昂扬地守护她。"

不管多大多老，不管父母怎么催，都不要随便步入婚姻，着急生两个孩子。结婚终究不是打牌，重新洗牌是要付出巨大代价的，也会伤害到牵涉其中的每一个人。有时候单身反而是一种自信和诚实，真正的幸福不是活成别人那样，而是能够按照自己的意愿生活。

B姑娘孩子还不满周岁，目前有份不太忙的工作，月薪2000+，怀孕期间闲置在家时就被老公嫌弃过，现在还被要求家庭每笔超过100块的花销都要上报，老公同意了她才能用。夫妻两地分居几个月才见一次面，用B姑娘的话说，那个男人除了和她算钱，其他什么事情都不做，包括带孩子。

这对夫妻在自己居住的城市里有房、有车、有工作，但也陷在整日算计钱、钱、钱的尴尬中，以至于为了100块就伤了夫妻感情。两个人也同样做了父母，却和A姑娘一样，在失职里纠结自己所谓的伤痛，完全不考虑孩子的利益，原生家庭温暖尽失。

B姑娘现在困惑的是要不要做离婚的选择，不想这样憋屈生活，但又没有勇气和能力带着孩子重新开始。没有人可以做到事事都有绝对选择权，我们都需要在自己暂时没有能力做选择，或是根本没得选的时候安下心去面对现实，然后通过慢慢改变自己积蓄力量，直到可以做出选择。

所谓选择是在有能力让自己过得更好的时候，没必要纠结痛苦，所谓放弃是在无法改变别人的时候，就只能接受现实改变自己。这不一定就是一种将就，毕竟独立和能力这两件事对于有些女人，不是说有就能有的。你暂时没有选择，就不要一直慌不择路，这样反而会误入迷途，让自己套在一环又一环的错误中再也拔不出来。

不是事事都能马上做选择，以为自己过得不好选择一下就能脱胎换骨，以为自己痛苦不堪选择一下就能如愿以偿，以为自己是个例外选择一下生活就能变得精彩，都是很不现实的异想天开。人生的某些阶段我们根本没的选，只能咬紧牙关在并不是那么光鲜的日子改变自己，保持良好的个人形象，积极应对生活和情感带来的伤痛。

你肯接受现实努力改变你自己，再纠结的无法选择就只会是人生暂时的疾风骤雨。内心强大的人都曾经没的选，所以才背水一战，终是为自己赢得了一个新世界。

A姑娘、B姑娘都是读过大学的，原本有独立的能力，也是恋爱过的，原本有经营婚姻的底气，但一位因为不独立不被尊重，一位因为软弱被欺负。书都白读了，能力都荒废了，底气也跟着散失，即便曾经漂亮过的脸也会在生活的窘迫和情感的折磨下变丑，以后的日子不过都在重复此时的不堪罢了。

读书不是说你有什么了不起，而是读书这个行为意味着你没有完全认同眼前的社会现实，你还有追求，你还在努力，你还在寻求另外一种可能、另外一种生活方式。

读书就是为了不遇到不想遇到的人，为了成为一个有温度有情趣会思考的人，能够拥有能力远离生活里的渣男。

之所以在女人成长的路上一再强调读书和环境的重要性，就是希望我们在面对残酷社会的时候能多些选择权，从事自己喜欢的工作，遇到爱自己的人，拥有温暖的家庭，获取社会价值得到认可和尊重。

而不是只能被别人选择，让工作成为生存之下的无奈之举，让婚姻成为自己的枷锁，让生活沦陷在不到100块的鸡毛蒜皮中。

职场不相信眼泪，但你要相信自己

朋友圈被一篇《职场不相信眼泪，要哭回家哭》的文章刷屏，转发的大多是"上司"。这两天又被各种"遇到这样的老板就应该辞职""抵制这种毒鸡汤"的文章刷屏，转发的多是"下属"。

文章说某私企老板在公司洗手间上厕所，听到自己公司的实习生女孩哭哭啼啼地给爹妈打电话抱怨："来公司三天了，每天下楼好几趟给老板拿外卖，我上了四年本科，不是为了来拿外卖的……"

结果老板在反思了自己是吃得多也拉得多的问题后，回到办公室叫来刚才的实习生一通职场理论教育。总之就是，你现在就是个实习生，老板让你干吗就干吗，不想干就走人，职场不相信眼泪，要哭回家哭。

先不论老板讲了多少大道理，又举了多少名人成名之前的"辛酸史"，我倒觉得有一点儿小姑娘必须长记性："洗手间是拉屎撒尿的地方，说了什么都是自己多闻臭多吃屎，别在公司的任何一个角落说私事和干私活！"

尽管我也认同职场竞争残酷不相信眼泪，要哭就得回家哭，但一位优秀的上司不会要求实习生拿外卖，实习生没工作能力可以让她走人，但因为在厕所里跟亲妈抱怨了几句就被赶走的话，这样的老板也不值得留恋。

我常常被新人走入职场就得没脸、没皮、没尊严，就得被人欺被人骑的洗脑言论恶心到，甚至在一些打鸡血洗脑般的"团队建设"中总被侮辱、被打屁股了，还大声叫好和喊口号，搞得跟传销公司般的管理模式也是私营企业居多。

可作为职场新人，你不愿意"给这个老板拿外卖"，就要有本事去不需要你干私事的公司，那里才会遇到更职业的上司，才不会让你拿外卖。你要是勤快点愿意拿，人家也会说"谢谢，我自己来"。但你要面对的是更多工作要求,更多专业挑战,你或许还是会哭,但这才是为了提升自己该受的挫折和委屈,哭几次你也就真正成长了。

W先生一直供职于大公司,前段时间跳槽到更高的职位上,巧的是他某日在洗手间里也听到两位同事议论,说是要弄走他这位"空降"的高管。W先生天天上班下班,整日忙于新职位的各种事。某天我忽然想起这事,问他:"你的下属都熟悉了,找过那两位洗手间要挑事的下属了吗?"

W先生面对电脑头也不抬,像是自言自语:"年底的任务还没有完成,我不忙着干活,年底哪有奖金给你过个肥年?"

这篇职场热文出来以后,我又好事,发给了W先生,问他对这事怎么看。W先生回答:"我就不会让下属去帮我干私事,没有业务能力,即便私事方面跑得再勤快,公司也不会用。"

据我所知W先生也曾把下属骂哭过,但W先生说:"即便偶尔严厉,也仅限于工作中。"

我当实习生的时候也遭遇过类似的事情,女老板是最早辞职下海的那一拨人，律师事务所也就七八个人。我刚去的时候很得老板赏识，那时候没有外卖要拿，但我倒是天天打水、倒茶，顺便收拾办公室卫生，也是我的工作之一。

那时候还是书信年代，某天中午我给外地出差的老爸写信，当然也炫耀了下自己的小成绩，又写了一点儿自己的小怨言。然后把信放在大衣口袋里去附近邮局寄，结果到了那里发现口袋开线信也丢了。我吃了午饭再回办公室的时候，在楼梯上看到老板下楼，我跟她打招呼，她脸色阴郁没理我。

坐在办公桌前，我突然发现那封家书躺在桌子下面，封口像是被拆过。我有些奇怪，信刚才明明拿在手里，到了楼下推自行车的时候才塞进大衣口袋，怎么也不会掉在办公室啊。但没多久，我就从老板对我一百八十度大转弯的态度上明白了，老板捡到了那封写了地址、姓名也封了口的信，并且认真看过了，又帮我扔回到了办公室。

当时我兜里只有爸妈给的生活费，那也不妨碍我从这里走人，再找实习的地方。我没办法一夜暴富，慢慢赚钱才最踏实，没什么好着急的。我更加认真准备毕业考试，去考能帮助到就业找工作的各种证书，因为我要去一家只看能力不拆私信的公司，要找一个能就事论事公事公办的上司。也从此谨记不在办公室做任何私事,发任何牢骚。

于是,我再也没有遇到过那样的老板。现在想想当初的自己,有什么好炫耀的?又有什么好抱怨的?为这样的老板做事,好或者不好都无关紧要,丝毫不会影响我的职场之路、我自己赚钱买花戴的梦想。

你是什么样的人,就会遇到什么样的人,这一真理也100%可以用在职场上,你个人的努力或许不能决定一切,因为有时候努力了也没有结果,这就需要我们调整坐标重新再来。但你至少可以避免遇到强加给你自己的三观,一说工作就骂人,一骂人就扯远,一扯远就人身攻击的老板。人家赚钱厉害着,你也赚钱自己傲娇着,因为换个地方你还是行。

职场不相信眼泪,但你要相信自己啊!凭借自身努力,我们也会慢慢具备选择职场和人的权利。我们可以因为没有经验被上司批评,不够努力被梦想打脸,不够优秀被同事看轻,甚至被炒鱿鱼,这才是职场的残酷。收起自己的玻璃心,要哭回家哭,但明天还是不认输,才能为自己赚够能力、攒够人品,职场精英都曾经是职场菜鸟。

我们不可以不相信自己，只是被一些功利市侩的职场理论洗脑，就把自己的自信和尊严置于别人脚下，没心没肺、没脸没皮，用这样的状态无论是工作还是创业，都将是竹篮打水一场空。我们当然需要谦逊、需要学习，但要让那些打击你自信、耽误你学习、影响你努力、破坏你心情的老板远离你的生活。

尼采说过："那些杀不死我们的，终将让我们强大。"所以，他疯了。哪有那么多能变得强大的人？更多的人会在一些混乱的生活里，或是憋屈的职场上，活着也像是死了。这是某些老板喜欢给下属打的鸡血，好像成功的人说这样的话就不是傻是厉害，其实都一样。

职场就是我们的饭碗，不做一夜暴富的痴梦就不会被忽悠洗脑，放弃唯我独尊的狂妄就不会被鄙视排挤，我们看上去是个正常的职场人，也就会遇到正常的公司和老板了。

何以解忧？唯有默默努力，并且保护好自己的心不受伤，明天我们还要赶很远的路。要知道，菜鸟也有一双可以飞翔的翅膀。

当你开始改变的时候，体面的生活就已经来了

小新的恋爱经可以写本小说了，但一波三折的并没有什么荡气回肠的气魄。几个男友来来去去，她还是没有结成婚，转眼又是一年，她也35岁了。小新说："我现在已经对情感不抱希望了，只想赚钱。"

大学毕业后的十年，用她的话说："一心想着要嫁个当地的好男人。"工作对她只是糊口，吃穿用都可以将就，谈恋爱结婚才是正经事。她好像从来就不关心升职、加薪和跳槽，但却少不了抱怨生存压力大、房价太高、大城市生活不易。小新的每段恋情自己都投入得轰轰烈烈，但结局都不太光鲜，究其原因，以买房结婚为目的的谈恋爱才是对别人耍流氓。

去年年底小新辞职了,据说是为了换个好职位和好收入,可十年都没挪过窝的小公司普通文员的工作履历,让她处处碰壁。几次面试败下阵来,小新又心灰意冷起来。春节回家一歇就是一个月,她每天躺在父母家的被窝里,发的朋友圈倒是不少,但光鲜亮丽的却不是她自己的真实生活。

我问小新为什么不找好新工作再辞职,她说:"总是要逼自己一把啊。"只是春节都过去一个月了,小新还是没再去投简历和参加面试,每天躺在合租的小屋里挑拣着公司和职位,说自己就是要找最好的,情场失意总该职场得意吧。

小白生活在出生所在地的县城里,没结婚之前也有着很多美好的规划,但28岁生了两个孩子后就再也不提梦想,没怎么上过班的她说:"女人能嫁个爱自己的好老公才是本事。"她的高中同学小琪则去了上海,春节回家过年时虽然还没结婚,但人家有不错的工作,而且还在上海城区买了房。小白还是为同学不值,在她看来,单身才是最不堪,同学聚会的时候更是对小琪百般嘲讽。

小白和公婆一起在爬着蟑螂的厨房、卫生间公用的房子里蜗居,自己一家四口基本靠啃老过日子,老公是个只知道玩乐的主儿,三番五次被小白从KTV和网吧揪回家吵架。小白嘴上也说要去上班赚钱，可找了当销售的工作嫌累，当导购的工作嫌钱少，去超市当收银员又弄错账赔钱，几次要创业的雄心都不了了之。再说就是为了孩子做出的伟大牺牲，在孩子需要陪伴的年龄自己先不去工作了。

在有些女人的思维中，要工作就不能生孩子，生了孩子就不能再工作，不然就是拿自己的生命开玩笑，男人养自己是天经地义，养不好全是男人没本事。却从没有想过一条再清楚不过的道理，你是什么人就会遇到什么人，不是一家人不进一家门。生个孩子就想着要娇生惯养自己，却把尊严放在别人脚底下随便踩来踩去，男人整天只吃喝玩乐都不工作赚钱养家，你却连声都不敢吭，只能过暗无天日的生活。

曾经有读者在文下留言，冬天深夜一点多，她走在黑灯瞎火的回家路上，刚刚才送完最后一批货，而此时的丈夫却在家呼呼大睡。她说："我这样辛苦赚钱，就是为了自己和孩子以后能生活得好一点儿。"如果丈夫尽责，她未必需要如此，连安全都没保障地去辛苦，但她没有纠结要不要离婚，没有留在原地吵架抱怨，而是靠自己去改变现状。婚姻和男人如果真的无从选择和要求，那就从自己做起也可以过上体面的生活。

工作真的很难吗？好多人高不成低不就，自己懒还找借口，好多人挑三拣四，本事不大脾气很大。那些在婚姻里被嫌弃甚至被打骂的女子，就是迈不过出去找工作养活自己和孩子的坎，难道只是因为读书少、学历低就找不到生存的路吗？肯定不是。

春节时北京有位"咖啡小哥"意外走红，他从河南来北京打工赚钱，在海淀区写字楼林立的区域送咖啡，好的月份收入过万，他负担着家乡县城父母买房子的贷款，还养着上小学的妹妹。记者跟拍了他几天的日常生活，租住的小屋只能放下一张床，他晚上洗脚的时候坐在床边还不忘先掀起被褥，一双要带回家的鞋也是仔细包好才放进行李箱。

他没有读过几年书，学历不高所以只能从事体力劳动，但为人处世的细节上却透出他良好的个人素质，凭借不怕吃苦每日里风雨无阻地工作，所以他赚到了比留在家乡收入更多的钱。他没有片语抱怨，说自己送咖啡时接触到很多公司白领，人家的工作更辛苦。我身边也有白天上班晚上开专车的白领，人家收入不低却还是在力所能及的范围内，能多赚一点儿是一点儿。

在北京这样的城市里，能吃苦何止是饿不死，而是真能赚到钱。那些骑着三轮车送餐送货的快递，那些半夜骑着折叠自行车做代驾的司机,那些深夜还猫在手机上接单的跑腿小哥,生活的便捷催生了更多的能赚钱、门槛却不高的职业。跑腿网上的送货记录里,有小哥送过一个白萝卜和六个西红柿,还送过卫生巾和打火机,各种奇葩送货单也记载着小哥勤快的赚钱经历,各得其所、辛苦点的生活也有安然的一刻。

最可怕的不是没有上进心,而是懒到就是不能找工作,没脑力连体力也舍不得用一点儿,还永远哀哀怨怨同情自己。心里想得再好,还是手机不离身,按掉闹钟继续睡,大钱赚不到小钱不屑赚,一做事就嫌累,一吃完才想减肥,自己活得不像人样,还要去嘲笑那些靠脑力和体力赚钱的人。不是世界对你残忍,而是你一直在放纵自己。

K歌、泡吧、买醉、找男人、结个婚看似都很得意,其实这些事一点难度都没有,只要你愿意去做去将就都可以实现。世间最得意的是那些不容易就做到的,比如读书、健身、跑步、赚钱、用心爱着也被爱着,这种常人看来无趣且难以坚持的事。

现在的人都特别会诉苦、特别会做梦、特别会忽悠自己、特别会要求别人,就是不会去努力坚持地做成事和赚到钱。很多人的大部分烦恼都源自没钱花,我就不信你难过的时候冲进购物中心买七支口红，八套衣服，九个包包，十双鞋子，再约上好友猛撮一顿好吃的还会心情不好吗？

大部分人都不会有多么深刻的孤独、多么不能放弃的东西，那些以为花钱买不到快乐，坐在宝马里也不会幸福的人，还是因为自己没钱可花，更没有宝马可坐的矫情罢了。

对情感不抱希望或许没什么不好，想发财也不是什么坏事，关键是得一步步去努力、去坚持，当你开始这么做的时候，体面的生活就已经快到来了。

请对身边的人好一点

1

虽然已是惊蛰,但京城的春天乍暖还寒。一场大雪,郊外的山里白皑皑一片,城区也飘着寒意。我午后独自去看了场电影——这是我减压的方式之一。如果遇到自己喜欢的片子,会去我家附近的影院反复刷几遍。我熟悉那家电影院的每一个影厅,买票也只订边角上的位子。

人群熙攘橱窗诱人,这是城市最光鲜时尚的部分。电影院却闹中取静——捧一杯红茶拿铁,再买一桶爆米花,坐在喜欢的老位子上,那种或焦虑、或困惑、或惆怅的心思就已经得到了抚慰。

看书、看电影、听音乐、做运动,都可以排压解惑,但经验告诉我,去书店、电影院、音乐厅、健身房、公园等公共场合,会比独自面对电视机、手机和家里的跑步机,更适合处于焦虑困惑中的我们思考和解脱。

不要惧怕人群和交际,那里面也有我们需要的温暖和希望。

电影结束正是下班的时候,男友已经来接我了,我烦恼的事情当然还在,但这一天已经安然度过。我有了好心情继续面对手边的琐碎和生活的压力,而不是整日苦着脸,对身边人发脾气。

世间没有单纯的快乐,快乐总夹带着麻烦和忧虑。生活就是这样,你逃避,忧虑就会越来越多,糟糕的日子就是这样堆积的。你面对,在这过程中也许会获得克服困难的愉悦,淡定的人生就是这样酿造的。

很多人在遭遇学业、工作、人际、情感等困难的时候,不是积极面对、想办法解决,而是一直停在原地,直到慌不择路,结果呢,往往耽误了最佳时机,越拖越难走出第一步。

不论生存还是生活,遭遇孤独无助都不可怕,可怕的是我们始终不能学会独立思考，当机立断说做就做，而是沉沦在空虚的寂寞里碌碌无为。

有三种人最没救：没本事、暴脾气的男人；不好看、不贤惠的女人；好吃懒做，还看不得别人过好日子的男女。

2

男友提议去吃凉面，这家在新街口开了几十年的小店，每天都是顾客满满。这是男友小时候最难忘的记忆之一，这段记忆里还有小店门口卖报纸的那个"三"。

"三"是个智力低下的孤儿，靠低保为生，早年一直在凉面店门口卖报纸，也常去店里捡剩菜剩饭吃。男友说："那时候他会帮着服务员收拾桌子，从不招人讨厌。"然而近几年看报纸的人越来越少，"三"也不见了踪影。这两年男友常带我去吃凉面，偶尔还会惦记"三"过得好不好。

我们赶到小店已经过了晚饭高峰，店里人不多。正吃着，一个五十多岁的男人走了进来，他一边跟服务员打招呼，一边麻利地帮她收拾碗筷。男友说："这就是'三'。"

二十多年过去了,男友从当年胡同口玩泥巴的小男孩长成了大男人,"三"也老了。但"三"穿得很干净,脸色也很红润,看样子生活是过得去的。他捡了桌上一包顾客吃剩的盐酥鸡拿在手里,然后继续帮忙收拾。

男友起身走到收银台,要帮"三"买吃的,这时另外一位中年男人也走了过去,对男友说:"你也是给'三'买的吧?我刚才问了,他晚饭吃过了。"

"三"走过去,两个男人又几乎同时把手里给他买面的钱递给他,让他明天吃饭用。"三"很有礼貌地道谢,走到门口还不忘再回过身说了"谢谢",才离开。

那一刻,我能感觉到生活美好,城市安然,每颗心都有温度。与其诅咒黑暗,不如点燃灯火,气场靠我们改变自身而改变,好运气也都是我们从手边的每一件事、每一句话、每一次挣扎、每一次坚持中修来的。

要对身边人好一点,包括需要帮助的陌生人、为我们服务的人,等等。要时刻记住,你花的那点小钱买不到别人工作的尊严,太把自己当VIP的人,往往是因为在低三下四的日子里过久了。

人与人之间，所有温暖的关系都是上天给你的宠爱，要懂得珍惜感恩，并且及时回报。

3

即便身处再糟糕的境遇，我们都有办法改变心境和环境，就算遇到的问题短时间内解决不了，也可以通过给情绪解压来转运。

面对那种一时半会儿纠缠难清的情感关系，可以先出走一段时间，其间不联系更不吵架，你只管先去适应单身，抑或是单身妈妈的新生活。

去改变，就是新生。你离开，即是开始。生活就是一个麻烦接着一个麻烦，有钱没钱只是遭遇的麻烦不同而已，扛得住没钱也能享受生活情感的本质温暖，扛不住有钱也会众叛亲离尽现薄凉。

我们身边那些看上去顺风顺水、生活得毫不费力的人，背后是不为人知的十二分用力、用心和拼命。

不用依靠也就不会计较，不再悲伤也就告别了憔悴衰老，不再寻找反而会有奇遇。我一直都在努力温柔地善待这个世界，才相信了自己一直都会被这个世界温柔相待。

姐弟恋美得让你不敢老

2017年,40岁的马克龙以65.5%的得票率当选法国新一任总统。即将和他一起牵手入驻法国总统爱丽舍宫的,是他64岁的夫人布丽吉特。她已经嫁给他十年了,已经不再拥有青春的容颜,她用带着岁月纹路的脸去轻吻丈夫表示祝贺的一幕,这一幕恍如20年前,原来初心不改爱情就能永远。

当年16岁的马克龙爱上女同学的妈妈,法文老师布丽吉特。虽被父母以转学力阻,但他依然扔下承诺:"待我长大,一定娶你!"坚持十余年的爱情长跑,在2007年修成正果,这段"师生恋"以婚嫁开始了新的传奇旅程。

布丽吉特在与马克龙结婚前有过一段婚姻,共有三个孩子和七个孙辈。所以,现年39岁的马克龙,已经拥有三名继子和七名继孙。婚后的马克龙表示,自己已经拥有了妻子的家人,不再生孩子。

对于这段婚姻,马克龙表现得一直很高调,曾经同意多家媒体的采访,并携带妻子出席各种正式场合。他30岁结婚,35岁担任总统副秘书长,37岁担任经济部长,39岁他参选法国总统获得胜利后,他和妻子拥吻的照片迅速传遍整个世界。

马克龙曾经说过:"我亏欠她很多,有她才有今天的我。如果我当选,她会随我入住爱丽舍宫,并且担任某个角色。"

马克龙的人生无疑是开了挂的,他不仅才华横溢,关键还帅到人见人爱、花见花开。要拥有多少女人该有的优秀和自信,布丽吉特才能陪着他走进爱丽舍宫?闺密群里有人这样留言:"原来觉得邓文迪厉害,后来觉得小扎老婆更厉害,现在才知道,人生最大赢家是这位第一夫人布丽吉特。"

她六十多岁了,但却站在史上最年轻的总统身边。有些30岁的中国女人,嫁出去的未必过得幸福,忙着要嫁出去的也过得不幸福,40岁时忙着捉奸骂小三,50岁时居然又接着被自己的孩子嫌弃。有钱没有女人的样子，没钱甚至没有了人的样子，只剩下和渣男同行，只会抱怨身边男人无能。

可如果有比你小24岁的总统追求你，你敢答应吗？在内心涌起千层浪后，大多数女人都会被拍死在沙滩上，因为你们脑子中闪现出的是"他是个骗子吧""他小我那么多不可能是真爱""他是图我的钱"等。不肯相信自己有这样的颜值和才华，无非你什么都没有，一生只能和同一类男人纠缠。

这世界还有许多看似不正常的情侣，但都是真实存在。比起普遍"老牛吃嫩草"的前任，比起不停换妻子和换女友的前任们来说，马克龙简直是一股清流。

哪怕在以浪漫著称的法国人当中也是十分罕见的，马克龙和妻子相差24岁的爱情故事，赢得了许多法国女人的好感，她们觉得这称得上对男权的一种"报复"，是女性觉醒最励志的教材。

我想起，Dior2017年早春度假系列推出的一款白色T恤，上面用黑体印着"WE SHOULD ALL BE FEMINISTS（我们都应该为女性发声）！"传达着对现代女性的拥抱与激励，很多明星穿着它走在争取真正女权的路上，这或许也是值得每个女人都拥有的一件时尚单品。

即便我每天都在写身边的人和发生的事，还是看到有同性读者不断留言"你说的都是些名人明星，生活中有更烦琐的事情让我们无心打理皮囊"。一个皮囊都顾不上的女人，更不会有心思去充实内在，居然还说得那么振振有词。别人至少在觉醒，你却还在男人身边假装幸福。

还有读者留言："你一直努力自律，什么都好为什么还离三次婚？你应该幸福才对啊！"离婚的女人就是不幸福的，离过几次婚的女人一定不好等，这就是女人最喜欢给女人加的标签。

更有趣的真相却是，很多男人从来不在乎他爱上的女人离过几次婚，倒是一些女人听到别人离婚就想八卦，被男人侮辱了还要去捍卫有名无实的婚姻。

正因为我一直努力自律，我的人生和目标才会不断获得提升，当身边人对我构成了阻碍，让我感觉不到幸福的时候，分手和离婚就是一种对双方都负责任的选择。我狠狠雕琢着自己，离婚不过是把刀磨得更快了。

不是所有人都会选择将就，总有不将就的坦诚能让我们得到自由，不是所有的离婚都是因为背叛，总有爱到不能再爱的离散让我们过得更好，更不是所有的分手都只有诋毁控诉，总有淡然之间便相忘江湖的永不再见。

越是优秀的男人越不会以年龄和婚否去衡量女人，只有女人才会给离婚女人，或者嫁了比自己小的男人的女人，加上不堪的标签。不过是因为这样的一些女子过成的样子，刺痛了很多人将就的人生。

当有比我小12岁的男人追求我的时候，如果我也喜欢他我就会答应，所以我得到了当下的幸福，同情人做快乐事，不问是情还是劫。我是个不需要男人每天说爱我的女人，甚至经常不必事事问询，心里有数就好，各忙各的周末才有时间约会。但我固执坚持两个没有血缘关系的男女能相伴多年，靠的一定是爱情，而不是什么亲情。

看到新闻中马克龙当选总统后和妻子拥吻，布丽吉特问他："再过十年，可能再强悍的健身和修炼都挡不住女人的容颜衰老，而你几乎不会和现在有太大的变化，那时候你还会爱我吗？"他回答："好像我爱上你的时候，你就不比我老似的，再过十年也一样，又不会再多几岁。"现在看来，再多12岁也无所谓。

好吧，我将继续我一生努力，一生被爱的奋斗之路。我也会坚持为女性发声，以便找到更多的同路人，彼此温暖和美好下去。

你这么好看就别受欺负了

米露大学毕业又失恋了,男友要回到家乡工作,而米露父母坚持要让米露留在大城市,因为米露的专业在这里更好找工作,也会更有前途。米露不光天生丽质,小提琴拉得也很棒,还能歌善舞,父母为此投入的精力、财力可想而知。

公主般长大的女孩,恋爱却屡屡受挫,大二甚至因为失恋差点休学,最后是妈妈陪读了三个月才帮她走出情伤。现在又面临着毕业就分手,米露哭闹了一段时间也无法挽回男友。就在男友离开学校一个月后,米露突然失踪了。

父母不动声色地找到了米露男友的家,果然米露已经在男友家附近的小旅馆里魂不守舍好几天了。那个男孩知道她找上门来,索性躲到了亲戚家,还告诉米露自己已经有了新女友。

米露这次真吃了安眠药,她说:"我爱他,没有他就什么也没有了。"幸好米露父母及时赶到把她送到医院才脱离危险,但清醒后的她还是一副生无可恋的样子。米露父母找到男孩,问他为什么都没去医院看看她,男孩支支吾吾了许久,才说:"我害怕她,离开她我就轻松了。"

米露父母将男孩的话转告给了米露,她开始吃东西。米露妈说:"你在学业和琴艺上努力那么多年,现在终于可以走向社会一试身手了,纠缠在不值得的情感中越久自己的损失就越大。妈妈把你生得那么漂亮,不是让别人有机会糟蹋你的。"

年轻时的痛苦总是如此,一碰就山崩地裂,一疼就万念俱灰。说什么这辈子都不会再爱上谁了,这一生都不能自拔了,可用不了几年再回头看,那件事已经变得模糊不清,那个人走在大街上也认不出来,你身边或许也换了好几茬新人,爱情来了你还是会再信。

有些痛苦是毫无价值的,比如买了一只鸭子,飞了。穿了一件新衣,破了。与野兽共舞,却最终发现他就是野兽不是被下咒的王子等。这些经常遭遇的痛苦也是最没价值的，因为事情已经发生了，就算痛苦也不能改变这个事实，所以不如从此别过。就算痛过也可以做到不在意，别把它当成宝贝珍藏，因为不值得。

再见到米露，已经是四年后在她个人举办的小提琴独奏音乐会上，25岁的她更加漂亮了，身边不乏青年才俊追求。如果读书能赋予你高贵的气质，那音乐能带给你的则是另外一种诗和远方。

那时的她在世界五百强公司工作，也即将出国再深造。

32岁的余梅打算离婚了，老公是屡教不改的出轨惯犯，婆家人还对他处处袒护，扬言媳妇离婚就得净身出户。余梅当年是校花，毕业没多久就嫁了家里条件很好的男人，全职带孩子再没有工作过。

我告诉余梅先不要着急搬家，而是给自己一年的时间学习重新杀入职场的技能，等工作安排好了，再提离婚也不迟。儿子七岁上小学，余梅暂时没有经济能力和时间独自带孩子，为此她也纠结了好久，可为了孩子能生活稳定，当时交给婆家是最稳妥的办法。

余梅离婚后过了好长一段辛苦的日子，房地产销售的工作经常没日没夜没休息日，但在房价暴涨的那几年里，余梅的汗水也换得了丰厚的收入。她买了一套房子,也终于可以带着儿子出门去旅行了,去看看他想看的世界。前夫一直混迹社会没有再婚,婆婆看到余梅的变化又起了复合的心思,但她拒绝了。

37岁的余梅再婚,丈夫是医生,比她小几岁,婚礼上的余梅光彩照人,儿子在一旁捧着她的婚纱。那一刻,就像十几年前,余梅似乎并没有老去,反而在时光的沉淀中绽放出了诱人的味道。

她说:"想起我重出江湖的日子真是美好,辛苦也是值得回味的骄傲,后半生我都会在自己拼杀出的这片粉色江湖里,幸福着我的幸福了。"

那些原本生得漂亮和活得漂亮的女子,为情所困或是退隐江湖本来就是可惜,爱情是要让我们更快乐,婚姻是要让我们更幸福,如果没有,那就不是真正的爱情,也不是值得留守的婚姻。

倔强固执、高调霸气、网红是外界赋予董明珠这位霸道女总裁的标签。她的人生以36岁为界,也划分为前半生与后半生。36岁以前她的人生平淡无奇,36岁后她创造了无数传奇。当年丈夫突然因病去世,留下了刚满两岁的儿子,要独自带着儿子生活,强烈的危机感向董明珠袭来。

她辞去了安稳的工作，并将儿子留给奶奶照顾，怀着"不成功便成仁"的精神毅然南下。几经波折进入格力空调做了一名基层销售，那一年她36岁。后来在接受媒体采访时说："这辈子最大的转折点是丈夫去世，如果不是这件事，我根本就不会走现在这条路。"

靠着勤奋和诚恳，董明珠不断创造着格力公司的销售神话，她的个人销售额曾经飙升至3650万元。董明珠后来回忆道："做销售那会儿其实比较简单，你勤快就行了，就是辛苦一些。我那时也没什么别的雄心大志，就是想着多卖出空调，多挣点钱，养我儿子。"

从一名最普通的业务员到成为格力电器董事长，董明珠用时22年。这22年中，她走的每一步都格外用力，外界也因此评论她："董明珠走过的路，寸草不生。"

你用了多少年坚定地做过一件事？哪怕只是爱一个人，完成一份学业，成就一个心愿，离开让你痛苦的人，忘记不堪回首的事。太多人之所以一别经年后，不是变老了就是变胖了，其他方面却毫无起色甚至更差，就是因为一件事都坚持不了多久。

名人也都是曾经的普通人，其实我们身边也有很多这样的普通女人，虽然没有董明珠的成就，也凭借自身的努力在过着自己想过的日子，成为自己生活中的女强人。

我们常常会以为在遭受了很多痛苦后就会成长，可实际上成长并不是痛苦的累积，而应该是幸福的叠加。当你依靠内心的强大穿越了痛苦，而最终得到了幸福，这才算得上是真正的成长，不然只能算是过程，但在这个过程中并不是所有人都能摆脱痛苦的阴影，从此阳光。

所以千万别用经历痛苦的多少来衡量你是否成长，是否成熟，是否成功，是否够坚强。而是应该学会坚持，坚持你手边必须做好的事，学会享受，享受着去过好每一天。即使在痛中也要苦中求乐，为自己的成长做幸福的叠加，我们终究不是为了生活中痛苦的那一部分活着的。